# 軍人寫茶人

◀路國華　天津市黃埔軍校同學會會長

◀趙世鎧　天津市黃埔軍校同學會副會長

◀孫岳　天津市台灣研究會祕書長

▶ 張清林　天津市黃埔軍校同學會祕書長

◀ 王朝亮　天津市黃埔軍校同學會副會長

▶ 1989年4月13日在上海錦江飯店作者應汪道涵先生之邀作茶藝文化交流

▶ 在上海錦江飯店茶藝表演，由汪道涵先生（左）主持，右為著名的文學評論家王元化先生

▶ 1989年4月作者前往趕建中的杭州中國茶葉博物館

◀1989年4月8日作者向中央民政部提出申請組織成立中華茶文化協會

◀1989年9月10日作者在北京民族文化宮公開表演中華茶藝，引起很大迴響

◀1989年9月和雲南省茶人交流，獲贈下關沱茶

▶ 1991年12月25日作者應邀訪問安徽農業大學陳椽教授親自接待

▶ 1996年5月27日第四屆國際茶文化研討會在漢城舉行，中國程啓坤、陳彬藩先生，韓國朴泰德、金光植先生，日本簡井紘一先生，中華台北范增平先生擔任主席團主席

▶ 中國烏龍茶的盛產地——福建省安溪舉辦座談會

◀ 新一代茶人參加茶藝師的培訓

◀ 1999年11月11日天津首次舉辦海峽兩岸茶藝論壇

◀ 1998年5月31日作者與日本茶道教授森谷清先生受邀共同表演茶藝、茶道於廣州

▶ 1994年10月2日作者登上相傳是碧螺春茶發源地的蘇州市東洞庭山最高點，仍清晰可見「碧螺峰」三字勒石，四周遍佈茶樹。

▶ 2001年3月24日應北京大學禪學社、茶藝社兩社共同邀請在逸夫樓公開演講兩場

▶ 作者和北京大學禪學社社長包勝勇博士生與茶藝社社長許卓萍小姐等在北京郊外春遊茶藝（2001年）

◀中國國際茶文化研究會創會會長王家揚先生（中），副會長陳彬藩先生（右）

◀1991年5月3日茶人陳彬藩先生擔任湖南省副省長時前往長沙市銀苑茶藝館作茶藝示範

◀湖南省副省長也是著名茶人陳彬藩先生致贈其著作《古今茶話》給作者

▶ 1993年深秋日本茶道裡千家駐京辦事處邀請作者表演中華茶藝，林麗韞女士（右一）、彭騰雲先生（右二）陪同

▶ 1989年4月台聯會長林麗韞女士（左三）、台盟中央主席林盛中先生（左二）接見作者

▶ 1991年2月4日和蘇州茶人交流，左一為著名茶人楊偉民先生，右一為范永齊先生

◀ 尹盛喜先生創辦的大碗茶（1989年10月26日）

◀ 1989年4月8日作者會見北京老舍茶館創辦人尹盛喜先生

▶ 1993年3月作者訪問內蒙古呼和浩特市，致贈台灣凍頂茶給台聯會長陳曉（左一）、內蒙古青年尼瑪先生（右一）

▶ 1989年12月21日作者再度拜會程思遠先生（右一），左一為屈北大先生

▶ 1988年12月23日中國茶葉博物館方案確定，主持人陳琿女士

◀1989年陳椽教授和作者合影於北京

◀陳椽教授鑑定茶葉

◀一代茶宗陳椽教授的子女，作者前往其宅問候。

▶ 1991年12月16日作者訪問廣東汕頭與當地茶人交流

▶ 2004年海峽兩岸茶人聯誼在廣東

▶ 作者是第一位在大陸公開傳播茶藝，1989年9月於北京民族文化宮

◀中國大陸首批培訓的正式茶藝師是北京外事學校的教師們，時間1997年12月

◀林麗韞女士、彭騰雲先生、日本茶道裡千家的教授們、滕軍教授等於1993年北京交流後合影

◀中華老字號北京碧春茶莊的經理石拯老茶人和職工們合影

▶ 1991年11月13日作者訪湖南長沙銀苑茶藝館與當地茶人交流

▶ 作者應邀在安徽農業大學作學術報告，與老茶人王鎮恒教授合影（2001年）

▶ 作者與老茶人黃國光先生（中）陳觀滄先生（左）合影（1989年於北京）

安徽農學院

范老尊鉴：

12月8日惠书领悉。从台专程来安徽访问茶事的前辈各方都很重视，这里对台来访政协、省委统战部都有专门组织接待，来时请带与下列单位介绍信，为荷！

①安徽省政治协会委员会 ②安徽省委统战部 ③安徽省茶业学会 ④安徽省茶文化学会 ⑤安徽省科学技术协会等单位。我即与统战部联系做筹備如何欢迎。

匆此 余留叙，并祝

一路平安

弟 陳椽 1991年12月18日

……进行。

与厦门大学出版社联系好了，出版陈椽《茶学开拓者》陈椽传记也正在联系出版。现正在开始写《国际茶叶贸易史论》为《茶叶通史》的续篇，《中国茶叶外销史》的姐妹篇，完成茶学全史的任务。但是年老力衰，时常生病，是否能完成这一艰巨任务难说。敬祝全家贵富福寿 春迎

陈椽 1995年12月24日

另者，茶艺可否改为茶……

▲陳椽先生致作者之親筆信函

# 中華茶人採訪錄

大陸卷【二】

范增平 著

# 內容說明

《中華茶人採訪錄》大陸卷〔二〕，計採訪28人，有校長、將軍、作家、學者、教授、書記、市長、董事長、新聞工作者、陶瓷藝術家、茶藝館經營者、雅石收藏家等等，還有一代茶宗陳椽教授。其中有耄耋之年的老人，也有20多歲的年輕一代，他們說出自己對不同問題的看法，也說出對共同問題的不同看法，都具有一定的代表性，很值得我們參考。這本書所針對的讀者，不一定是茶學的研究者，對於各個領域的專業人員都有一定的參考價值，不論是研究人類學、民俗學、民族學的專家，還是社會學、經濟學、人文學的學者，都可以參考這些受採訪者的思想、看法，作為學術研究的借鑒。而一般的讀者看這本書，不論是休閒生活還是課外閱讀，都可以從中得到很好的參考資料和人生啟示。這是一部很值得閱讀的書本。

# 目 次

# 林 序

中國是茶樹的原產地，是茶葉的故鄉。中華民族利用茶葉已有四、五千年的歷史。唐朝時期，茶在中國四川一帶已成為「比屋皆飲」之飲料。至今歷經1200餘年，茶已成為中華民族的舉國之飲。由於茶的神奇藥效和對人體有顯著的保健作用，如今它已風靡世界，成為許多國家和地區人民生活的必需品。

經過幾千年的開發和發展，中華民族在種茶、製茶、品茶方面都積累了豐富的經驗，形成了博大精深的茶文化。近十多年來，作為中國文化重要組成部分的茶文化得到弘揚，並進一步以各種方式傳播到世界各國，成為增進中國人民和世界人民友誼的橋樑。

在中華茶文化的弘揚和傳播過程中，特別需要提到的是現任台灣明新科技大學教授范增平先生作出的積極貢獻。他是我最早認識的台灣茶人朋友，近二十年來，他不遺餘力的促進海峽兩岸茶界、茶人的來往和茶文化交流，參與中華茶藝專業教育的設立和茶藝師認證考試制度的完

成。他所培訓的茶藝師出國表演，載譽而歸。范先生還到日本、韓國、新加坡、馬來西亞等國講學，開班授徒。

近來，范先生又付出很大的心力撰寫《中華茶人採訪錄》。它不僅為海內外中華茶人提供了互相學習、交流經驗的平台，而且將增強中華茶界、茶人的凝聚力，齊心協力促進中國和世界各國茶葉貿易的發展，促進茶文化的興盛，使中華民族在人類社會物質文明和精神文明建設中發揮越來越大的作用。

林麗韞 2005 年 4 月 2 日於北京

# 自 序

「事非經過不知難，書到用時方恨少」，只有親身經歷過，努力實踐過的人，才會深切體會這句老生常談的話。編撰《中華茶人採訪錄》的困難度比預先想像的嚴重多了，從走訪、約訪到邀訪，都有困難。走訪、約訪的對象有的為表示清高不願接受；而邀訪部分，看似較簡單，其實還相當不容易。曾發了超過50封邀訪信函，而收到回覆的不到10封。有的石沉大海，有的音訊杳無，有的回覆說會盡速完成。但，仍然是在等待中。有的再次以電話、信函連繫，而能很快回覆的仍然不多。也因此，就不再連絡了。我之所以這麼做，是給這些曾經認識的茶人一個考驗。茶人不僅要有專業素養，他還必須是「人格者」。

也有幾位已經採訪完成了，但臨排版時又再抽下來，原因是受採訪者出現始料未及的狀況，經過多方面觀察、考慮而取消。我們要為讀者負責，為廣大的茶人負責，更要為歷史負責。盡可能的選擇值得採訪的對象，希望在

《採訪錄》中的茶人，都是禁得起考驗、都是有典範的人。

天蒼蒼、海茫茫，千古悠悠，能留下一點足跡，除了運氣之外，需要長年的修持、努力、智慧，還要有一顆善良的心，茶人更需要如此。我將繼續努力探索、採訪茶人，追尋更完善、完美、完整的茶人的足跡，讓它永久保存下來。在編撰《中華茶人採訪錄》的過程中，感謝將軍茶人、中國軍事博物館館長袁偉將軍揮毫寫書名，感謝敬愛的茶人、全國人大常委、全國僑聯副主席林麗韞女士賜序。

最後，以此書的出版追念一代茶宗陳椽教授在天之靈。

范增平 2005 年穀雨日

# 孫　前

## 世界茶文化發祥地的領導
## ——談雅安市的金字招牌

孫前先生，現任四川省雅安市的副市長。

2004 年 9 月 16 日，我為了參加第八屆國際茶文化研討會而到雅安。國際茶文化研討會是「中國國際茶文化研究會」每兩年舉辦一次的主要活動，作為該會 1990 年在杭州成立時的主要創辦人之一，我有責任每屆都該出席。但是，由於工作和其他原因，我已有三次沒有參加，內心頗為歉疚。第八居確定在四川雅安舉行時，我決定要克服困難出席這次盛會。果不負眾望，收穫頗豐，不只是對茶文化的更深入、更廣泛認識，可貴的是接觸到更多我心目中較完整的茶人，我與孫前先生即由此而相識。

雖然，孫前先生是 2004 年「一會一節」時才見面。其實，我們神交已久，對他的為人、行事早已略知一、二，所以，一見如故。他作為地方父母官能如此為廣大人民的根本利益著想、為現代生產力的發展要求、為先進文化的前進方向想方設法，具體的提倡茶文化的實踐和發展，這無疑地，也是三個代表最實際、最生活化的表現。茶文化是人類有悠久歷史的古老文化，在深厚悠久的積澱上，是創新和引導社會發展最有生機的力量。茶文化有很好的根基，是先進文化的代表；茶葉生產有幾千年的歷史，茶產業是古老的農業，但隨著時代的不同而與時俱進；茶是中國人的國飲，是世界上最大的主要飲料，是廣大人民不可或缺的生活必需品，牽涉到廣大人民根本的利益，重視茶文化的前進發展就是推動社會發展的方向、要求和代表。

因此，我由衷地敬佩孫前先生的精神與人生態度，為此採訪孫先生就是《中華茶人採訪錄》的重要對象之一。

（2005 年 2 月 4 日）

*　　*　　*　　*　　*

**范** **我們過去對四川雅安的認知是「比較偏遠而且交通不太方便的西南古老地方」，此次參加了「第八屆國際茶文化研討會暨首屆蒙頂山國際茶文化旅游節」（簡稱一會一節）之後，完全改變了原先的印象，請孫市長簡單地爲我們介紹一下雅安市的現狀。**

**孫** 現在台灣地區使用的地圖上仍然有西康省建制，這就是過去以雅安為主的一個省份，因為這個省內大部分地域是藏族、彝族、羌族居住，並且同西藏相連，所以人們的印象認為它是在邊遠之地。1955 年西康省併入四川省後，它就分成雅安、涼山（彝）、甘孜（藏）、阿壩（藏、羌），成為四川省的地區級建制，而昌都地區（藏）則歸入西藏。

雅安市轄一區（雨城區）、七縣（名山縣、天全縣、蘆山縣、寶興縣、滎經縣、漢源縣、石棉縣），人口 153 萬，幅員 1.53 萬平方公里，主要是漢族，有少量彝族、藏族。城市距成都 120 公里，有高速路相連，1 小時可達。雅安有三寶：一是世界茶文化聖山蒙頂山所在地；二是國寶大熊貓的發現地和命名地；三是享譽世界的川菜調味之王——漢源花椒，也產自雅安。雅安以其山清水秀、自然、人文景觀奇特的優勢正在迅速崛起，成為中國西部的旅遊明珠。



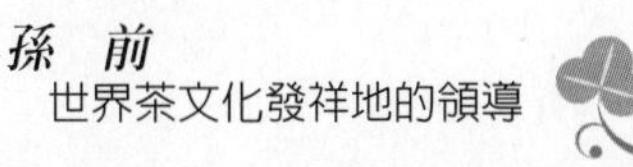

**范** **請孫市長談談2004年9月19日～25日成功舉辦「一會一節」的成果狀況。**

**孫** 這次活動得到了四川省政府、中國國際茶文化研究會（杭州）、中國茶葉流通協會（北京）的大力支持和幫助，來自28個國家（地區）的520多名外賓和港澳台同胞，全國32個省市自治區的2300多名來賓，世界500強企業中的9家企業代表，國內外知名茶文化、茶產業、茶企業專家蒞臨雅安，30萬左右遊客參加了這次盛會。

「一會一節」的重大成果是：世界茶文化聖山——蒙頂山得到中外嘉賓的一致認同；《蒙頂山世界茶文化宣言》得到大家的一致通過；800人表演的「蒙頂山派茶技——龍行十八式」震驚中外，現在正申報世界吉尼斯記錄。活動結束後，國內一家知名的評估機構「北京國經緯區域與城市經濟研究院」特地對「一會一節」寫了一份評估報告，內容客觀公正，我送一份給您看看。

這裡我引用中國著名的茶歷史文化專家、南京農業大學和香港城市大學教授朱自振先生，在參加完「一會一節」返回南京後給我來信對活動的評價，大家看了會覺得比我的評價更要客觀一些。朱教授說：「這次會議，貴市經過長時間精心籌備，是我參加和聽說的國內，也是世界所有茶文化會議最盛大、最廣泛、最感人、最激動人心的一次盛會。這次會議不僅以『空前』載入世界茶文化史冊，我擔心可能也會以『絕後』無人超越或繼續。」「你們對蒙頂提了不少前所未有的提法。我支持、同意稱蒙頂為中國和世界最早的茶葉名山、聖山的提法。」

范先生是享有盛名的茶文化專家，您回台灣後給我寫信說：「貴市舉辦如此盛大的國際活動，創造茶文化歷史燦爛光輝的一頁，必將留給人們深刻不滅的回憶，在此謹向孫市長暨所有領導和雅安市民致上無限的敬意和祝賀！」這些都算是對成果有形和無形的評價吧。

范 **請您談談，舉辦國際性的大型活動，主要需要掌握哪些條件才能完滿成功？**

孫 各地舉辦國際性活動的目的、條件不同，我們在這方面經驗不足，談不出規律性的條件。但以雅安「一會一節」的成功舉辦，我們的體會是：一得到四川省政府和杭州、北京茶界機構的大力支持，雅安市委、市政府的高度重視，聚全市之力精心投入這次活動；二有一個創新意識強、運作能力強、優秀的領導和執行機構是成功的關鍵；三廣泛宣傳、廣交朋友，得到國內外茶界有識之士的支持；四必要的財政支持，市民的廣泛參與度；五獨具特色、匠心獨到的會務安排和氛圍營造技巧。

范 **作爲世界茶文化發源地的雅安市領導，請問孫市長是否肩負著什麼使命？要如何來發揚中華傳統優美的茶文化？**

孫 我有一種使命感。千百年來，外國對中華民族的認識體現在三種東西：茶、絲綢、瓷器。而中華茶文化的發源

地四川雅安，在將近一個世紀的歲月裡，由於交通條件和自己工作做得不好，逐步被人們淡忘。現在，無論從思想認識，還是客觀條件，雅安都發生了很大的變化，我們有信心，以世界茶文化聖山蒙頂山為品牌和形象依托，重振蒙頂茶雄風。雅安的茶文化和茶產業抓好了，讓更多的國內外賓友了解茶之本源，也是對世界茶文化的貢獻。

中華茶文化就如同中華民族大家庭的這個道理，我們有56個民族，其文化、風俗各有其特點，這才組成了多姿多彩的中華民族大家庭。中華茶文化，依其地域、氣候、民族、文化、商貿、習俗的不同，異彩紛呈，各具魅力。要允許百花齊放，要支持改良創新，要注意文化的發展同時代的脈搏協調，要多交流、研討，這樣的多管齊下，對發揚中華傳統優美的茶文化才可能會起到一些積極作用。

**范** **請孫市長談談雅安市茶文化在中華茶文化中的角色和所佔的地位如何？**

**孫** 在「一會一節」的大會上，發表通過了《世界茶文化蒙頂山宣言》，與會的世界各國茶人認祖歸宗，一致公認蒙頂山為世界茶文化發源地、世界茶文化聖山。蒙頂山究竟以什麼條件能榮膺這頂桂冠呢？大量的歷史文化典籍和文物證明了這一點，概括表現在六個方面。

一、史載公元前53年，藥農吳理真在蒙頂山種下七株野生茶樹，開人工植茶先河，世界茶文明由此發祥，茶文化由此蔓延華夏；

二、從唐玄宗天寶元年（公元742年）到清末1911年，蒙頂山皇茶園所採的明前茶一直是中央朝廷清明祭天祀祖的專用茶，長達1169年，無茶出於其右；

三、禪茶不可分。據說源於宋代，至今吟誦不已的佛典《蒙山施食儀規》，誕生在蒙山永興寺。佛經《常用贊本；八贊品》中要求供奉佛菩薩的是「蒙山雀舌茶」，以顯其品質純正高潔；

四、蒙頂山是茶馬古道的主源，有一千多年歷史。宋代設立，至今全國僅存的茶馬司保存在蒙山腳下的新店鎮；

五、由宋代不動禪師始創，如今名震神州的蒙頂山派茶技——龍行十八式，到禪茶茶技和新推出的茶馬古道茶藝正在產業化；

六、歷代名人吟誦蒙山的詩詞歌賦在近二千年的時間裡延續不絕。「揚子江中水、蒙山頂上茶」（元），「琴裡知聞惟淥水、茶中故舊是蒙山」（唐），「若教陸羽持公論，應是人間第一茶」（唐），名篇佳作源遠流長，其時間之長、數量之多、影響之大，無可匹敵。

文化需要文化來說話。「一會一節」期間，我們一共出了八本書：《蒙山茶話》、《茶祖吳理真演義》、《歷代文人詠蒙山》、《蒙山茶文化讀本》、《蒙頂山：最后的知青部落》、《雅安史跡名勝探實》、《廣東畫家看雅安》、《一會一節論文集》，他們旁徵博引，介紹了雅安茶的過去、現在和未來。上述觀點和史料闡明了雅安茶文化在中華茶文化中

的地位。

**范　中華茶文化已成爲一門學科，以較系統的方法研究悠久博大的茶文化，請教孫市長，您對「茶藝學」的看法和期許如何？**

孫　用改革開放前國內的觀點看，基本上只把茶作為一種農副土特產品，當時發展茶葉主要限於幫助農民增收，並沒有把茶和文化、高雅連在一起。人生一世，總離不開吃、喝、玩、樂。喝，一是茶，二是酒。文懷沙教授論證，喝茶的歷史早於喝酒。喝茶多清醒且健康；喝酒多迷糊而傷身。茶成了世界的第一大飲品。茶同吃、喝、玩、樂都密不可分。時代發展、國家富強、科研進步、國民素質提高，就更離不開茶。怎麼讓吃、喝、玩、樂更有層次、更高雅、更回味無窮，那就需要深入研究和弘揚茶文化。實踐證明，茶文化已經成為中華民族文化園地中的一支奇葩，其博大精深、其深入淺出、其受眾之廣泛、其耳濡目染之普及，已經融入到民族之魂。

「茶藝學」這個概念，我是從范先生的著述中學到的。台灣的茶是大陸傳過去的，但在半個多世紀的時間裡，發展迅速。我們改革開放以來，台灣的茶藝學進入大陸，影響廣泛，李瑞河先生的天福茶莊連鎖店在內地已開了400多家，蔡榮章先生的「無我茶會」影響廣泛，范先生的「中華茶藝」刊物論茶、論道、論技藝，授眾多多，從而促使大陸博大精深的茶文化迅速恢復、昇華、弘揚。對茶藝學以後的發展，我想用《周易》中的一句話來作為期許，是否妥當一點，那就是「與時俱進」，茶文化的研究和發展，離不開時代的發展。

**范** **請問孫市長對目前的茶藝文化有什麼看法？**

**孫** 目前的茶藝文化蓬勃興旺，勢不可擋。它的發展促進了大陸茶文化的發掘、研究、彰揚；促進了農業結構的調整，使很多農民增收致富；促進了茶旅遊的大發展，如蒙項山、杭州龍井、武夷山、雲南普洱；促進了商貿的大發展，如雅安、安溪、思茅、横縣，成都大西南茶葉專業市場，上海天山茶城，廣州芳村茶葉市場、北京馬連道茶葉批發市場、濟南茶葉批發市場，鄭州茶葉批發市場，昆明茶葉批發市場等等。因此，對茶藝文化發展的作用不可低估。從社會發展的實踐看，我覺得茶藝文化有雅俗之分。一些對茶文化下功夫進行鑽研的文化人、學者、企業家，和下了一些功夫，熱愛茶文化，有心得體會者都可稱為雅。更多的是愛茶，離不開茶，願意下功夫去了解茶的大眾，泛稱為俗。茶文化的研究和發展，應該是這兩個「離不開」才好。

**范** **您平時如何享受茶藝生活？**

**孫** 每天都喝茶，並且喝好的蒙頂甘露，這是我的一種享受。

我是雅安市茶業協會的會長，是中國國際茶文化研究會

（杭州）常務理事，是香港世界茶文化交流協會名譽會長，宣傳茶文化、鑽研茶文化是我的一種追求、責任和快樂。我是幾所大學的客座教授，講授旅遊和茶，是我的樂趣。陪遠方賓友遊蒙頂山、轉碧峰峽、逗大熊貓，其樂融融。

「一會一節」忙完了，我在整理資料寫書。在我以後的日子裡，介紹雅安和四川的茶，是很愉快的。

我是入道茶文化的後來者，多拜師，多學習，勤能補拙。在今後的歲月中，茶藝生活是我的一種寄托。

**范** **請您爲「茶人」下一個定義，怎樣的人才能稱爲「茶人」？**

**孫** 以我目前的功力，還不能對「茶人」下定義。

但就我了解的情況而論，起碼應具備以下兩個條件，才能入圍「茶人」：

一、從事茶文化、茶科研、茶生產、茶經營、茶旅遊，及與茶密切相關的人；

二、對茶文化研究有見解，對茶文化發展有貢獻，為茶事業無私奉獻，茶德、人品高者。

**范** **請您介紹一下自己的成長過程和對人生的看法。**

**孫** 我出生在一個工人家庭。中專畢業後當了幾年工人，以後讀大學，畢業後到成都市委辦公廳工作，後又調到四川省委辦公廳工作，擔任一位省委書記的八年秘書。之後調辦公廳辦公室主任，然後下派到甘孜藏族自治州的瀘定縣任兩年縣委副書記。在瀘定期間，我以減22斤體重的代價，於1987年為瀘定開發出海螺溝冰川森林公園這座具有國際級影響的旅遊景區，同時白手起家，靠募捐為甘孜州修建了第一座公園——紅軍飛奪瀘定橋紀念碑公園。回到成都後，1988年，任四川省委辦公廳副主任。1993年到省政府成立的一個大型直屬企業任董事長、總經理。1999年底到雅安任副市長至今。在任期間為雅安打造出國寶大熊貓發現地這張有世界影響的熊貓文化旅遊品牌，同時讓全世界規模最大的熊貓基地落戶於碧峰峽。再就是您耳聞目睹的「一會一節」活動，為所有茶人、為四川、為雅安打造出世界茶文化聖山——蒙頂山這塊金字招牌，為此我瘦了7斤。僅此而已。

我的成長過程，一靠自己勤奮執著，二靠組織培養。在很多關鍵時刻都得到師友的幫助，但絕無時下流行的托門子、找關係的劣跡。哪怕在最不順，受擠壓的時候，我也保持良好的心態和百折不撓的意志。

要說我對人生觀看法，很簡單。

我喜歡讀書，手不釋卷。春秋時期，古訓提出「三不朽」論，即要「立德、立功、立言」是人生的不朽追求，這已成為中華民族有志者的一種精神力量。也就是說，人生一世，不能虛度，要建功立業。我在整個工作期間以此為追求，也是我的人生追求。

在工作中，我遵循的總綱是毛澤東強調的班固在《漢書53卷；河間獻王劉德傳》中的一句話，即「實事求是」，凡



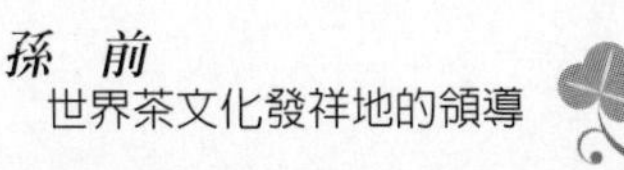

有悖此原則的，我不趨同，並反對之。

我工作的主要經歷都是在各級領導崗位上。在對待名利、政績的問題上，我很推崇康熙帝的一句話。1705年，康熙為了保證西部邊疆的安全和通商之便，在大渡河上建了瀘定橋，今年是建橋300年紀念。他很看重此橋的作用，特寫了一篇七百言碑記，銘石立於橋頭。其中有這樣兩句：「事無小大，期於利民；功無難易，貴於經久。」我工作的原則是於民有利，並經得起歷史檢驗。

就現在而言，我的人生觀和工作觀是可以劃等號的，這些就作為我對人生的看法。

# 蔡國雄

## 高壓電工程師
## ——談電磁場、桃花水、中日的茶文化

蔡國雄博士，原籍台灣省台中縣，是移居大陸的第二代。現任中國電力科學研究院高壓研究所總工程師，是教授級高級工程師、博士生導師。蔡先生學的是每個人都離不開的電力，屬於比較專業的科技。但他對傳統優美的文化，尤其是茶文化頗有感悟，所以，他也是很有素養的茶人。他力行「車貴車賤好開就好，車大車小舒適就好，開車旅行有茶就好，去遠去近休閒就好。」

認識蔡博士前後兩年了，其實早些年就知道他了，但沒有直接多交談。2004年，我隨「海峽兩岸茶藝文化交流訪問團」前往北京，蔡博士是接待人之一，我們一起在「老舍」茶館品茶、座談。在交流會時，蔡博士講了一段日本人的茶俗，是過去大家較少聽到的，可見他對茶文化的關注。兩岸茶人的交流座談也在茶香萬里的美好氣氛中渡過。蔡博士從生活上體悟茶的點滴，意義頗為深長。我於2005年1月20日邀訪了蔡國雄先生。

* * * * *

**范　蔡博士，您是在日本出生的台灣同胞，日本這個國家對茶很重視，茶道文化可以說是日本國寶之一，就您所了解，茶文化對日本社會的影響如何？請您介紹一下。**

蔡　據我所知，茶文化是我們亞洲人共有的文化，而且正在不斷地擴展到世界上的其他地區，與世界各地的地方文化相結合，不斷地結合當地的習俗，形成當地的茶文化。

日本的茶文化與中國的茶文化相同，有著很深的歷史淵源和文化內涵，但彼此之間存在著許多不同之處。即使是中國的茶文化，地區不同也有著相當大的差異。

比如中國的四川地區，歷史上是蜀國的所在地。他們的茶文化，自然與茶館的功能相關，而茶館是人們聊天、交流感情、交換資訊的地方。一壺茶不斷地喝，不斷地續，茶是媒介，通過喝茶，喝出人生，喝出感悟，喝出共鳴，喝出同情，喝出感歎。你會看到四川到處是茶館，初到四川的人不知這麼多茶館究竟有何用。當你走進一家茶館，想聽一聽他們的談話內容時，他們的談話會突然停住，大家共同打量著你，看看你是否與他們同類。如果是，他們就會給你倒上一杯茶，但是又好似你不在他們的身邊，而繼續他們的談話；如果不被他們認可，並且認為你與他們不屬於同一個階層，或有共同語言的一群，他們就會以沈默的喝茶迫使你離開。此時你會感到茶儼然成了一種認可與否的象徵和通行證。給你茶，表示對你的歡迎或認可；不給你茶，表示對你的不認同。

在日本與在中國對茶的感受有許多類似的地方，比如你到別人家，給你一杯水還是一杯茶，就有著明顯歡迎程度的區別，也表示主人是否希望你長坐。無水無茶，甚至倒放一把笤帚，那自然暗示著要你趕快離開。在速食店，服務生會為你倒水，不會倒茶；而到了壽司店，則肯定會有人斟上一杯熱茶，讓你慢慢品嚐一番。店主希望茶與壽司的絕妙配合，再輔以生薑的味道，給你的是感受，給你的是氣氛，除



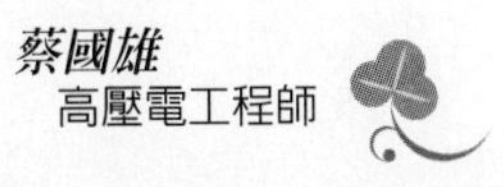

了要你體驗到店的溫馨，體驗到茶對你的挽留，更要體驗到濃縮在茶和壽司中的人生八味。

在日本與在中國對茶的感受也有許多不同的地方。在中國喝茶不分男女，在日本雖然喝茶也不分男女，但學喝茶卻是女性大大超過男性。究其原因，按照日本人理解茶道的內涵包括了慢、美、柔、隨和、溫順、觀賞、含蓄等更趨近女性特點的內容。因此，學過茶道就成為女性是否受過「女性教育」的同義詞。媒婆在做媒時，介紹女方學過茶道，遠比稱讚女方如何賢慧要有力的多。

日本女性作茶道時一般均穿和服，無形中限制了邁大步子的走路方式。內八字在穿和服時較方便行走，也更合乎日本人要求女性走內八字的審美習慣。作茶道時不僅要求在榻榻米上走路，還規定不能踩在榻榻米上的接縫處，使得作茶道者總是要很小心翼翼地踩著碎步。這增加了觀看者對茶道的內斂、謹慎、不外露的感覺。作茶道常因袖口很大，舉手投足之間，總要左手對右袖口的相互配合，不像穿著中式服裝顯得那麼幹練簡單，但卻也顯出對所有動作一招一式的苛求，而這也是日本茶道培育日本女人的行為禮節的做法。

日本的和服沒有兜兒，但卻有許多放東西的地方，如袖口和懷裡。一些茶道的器具也便於攜帶，這是日本和服方便的地方。

在日本學習茶道的人很多，對日本國民的影響很大。以致影響到人們的舉止、行為和談吐。說話方式含蓄不直接，輕易不說「不」字，而是採用「是，但是……」的表述方式。含蓄是日本大和民族的共性，而茶道很符合這樣的特點，這也說明了茶道能夠在日本盛行的原因。

**范** **喝茶有許多好處，這已經過了科學的驗證了。而泡好一壺茶很重要的因素之一是要有好的水，有所謂「水謂茶之母」的說法，但是目前選擇所謂的好的水有各種途徑和方法，其中有以電力來改變水的結構或磁場的說法。您是電力科學專家，電力是否能改變水的狀況?若能改變，它的結果如何？是否對人的飲用有益？用來泡茶是否能有更好的作用？**

**蔡** 所謂「水謂茶之母」的說法說明了水對做好茶的重要性。但什麼是好水呢？則是仁者見仁，智者見智，眾說不同了。

化學家或物理學家會告訴你所謂好水就是沒有雜質或其他離子的純淨水。

你要是問醫生或生物學家，他們可能會告訴你純淨水中缺乏人類需要的礦物質，因此含有對人體有益的一定量的礦物質的礦泉水才是好水。

對這個說法，化學家會馬上反駁說，許多礦物質與茶葉中的物質發生化學作用，因此不適宜泡茶。

至於什麼是好水的問題，就先讓我給你講個故事：陝北地區（1969 年到 1972 年我曾作為知識青年在陝北地區插隊）自古就產「桃花水」，該水男人喝了沒有什麼作用，但是女



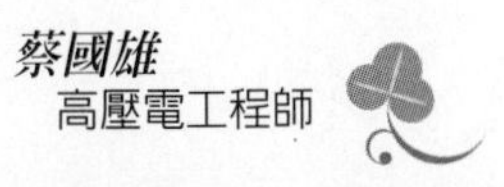

人喝了卻面泛紅色，更顯女子妖嬈，因此被定為「貢水」，宮中因此派人千里迢迢取水，取回來給宮女們喝。喝了這種水的宮女們，個個都顯醉意，雙頰酡紅，更添幾分媚意。

那麼「桃花水」是好水嗎？它怎麼會有這麼神奇的功能呢？化學家告訴我們，這種「桃花水」只是一種礦泉水，不同之處在於它含有微量的砷。那什麼是砷呢？砷實際上就是砒霜，是古時常用的毒藥。過去喜歡用銀質的筷子來做測試，就是因為銀能夠與砷產生化學反應，改變銀筷子的顏色，可以迅速判明食品中是否帶毒。古時的毒品有限，尚無現時常用的氰化物毒品，因此判明食物中的砒霜就顯得十分重要。

通常，男子因為抵抗力強，略微的砷中毒，並無什麼反應，而女性則不然，時有臉頰泛紅與略顯醉態的現象。如果告訴她這是中毒狀態，她可能會驚慌失措，但是事實上微量的中毒，本人並不一定很難受，可能還沈迷於此。例如，喝酒導致的微量酒精中毒、舞廳中的「搖頭丸」均屬於這類。

那麼拿上述的「桃花水」泡茶如何？只要不預先告訴其中的奧妙，有人可能會告訴你該茶是好茶，有「醉八仙」的效果。這就引申到更深層次的問題，也就是：好喝的茶，是否就是好茶，能使人一時有快樂感受的茶是否就是好茶的問題。

砷在人體內並不會產生積蓄效應，而是較快地排出體外，這與酒精能迅速排出體外類同。但是長期服用會如何？

這就只能問那些宮女們了，可惜文獻上並沒有這些宮女們老後的身體情況的記載。

至於電場或磁場能否改變水的性狀問題，目前並沒有一致的結論，雖然如此，磁化杯、磁化水等作為商品已經擺到了街頭的商店。事實上目前的科學技術水平還不能解釋磁場和電場對人體究竟產生的影響是好還是不好，要知道人體中含有大量的水，但我們甚至沒有搞清楚電磁場對人體內的水的影響呢！

有報導說：經常在高電場下容易得白血病，但是這些問題在人類目前的科學水平還不能證明。有些人說我們現在是高科技的時代，但是事實上目前我們還不能人工造出一粒米、一個雞蛋，甚至一個細胞。也許在將來人類能夠合成生命的時候，他們會稱不能合成生命的現在為「新史前時代」，同時與「新石器時代」相提並論的。

**范** **您是高壓研究所的總工程師，您對茶文化、茶藝和喝茶的習俗有些什麼看法?茶在您的生活上的角色和份量如何?**

**蔡** 又是「高壓研究所」又是「總工程師」，讓人一聽就是個乾巴巴石頭腦袋、沒有情趣的人。但是石頭腦袋遇到茶總會變得軟一些。這也是為什麼台灣的茶文化代表團一到北京我就去迎接的原因。

在大陸，對於一些不辦事的官僚，常被形容是一上班就是「一張報紙、一杯茶、一根煙」的人。工作時喝茶總是慢



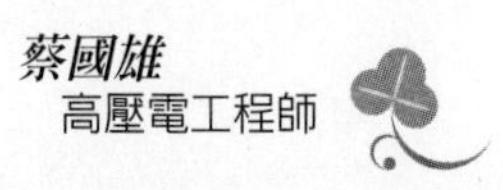

條斯理，不講效率。雖然多數屬於成見，但是長久以來，茶與慢節奏相等效的概念卻深入人心。因為茶總是要用泡的，很難把它與快節奏從概念上相連。其實，將茶與快速的節奏建立聯繫的是日本人。在上個世紀八十年代「易拉罐飲料」盛行時，日本人開發了「烏龍茶易拉罐」，風靡一時。徹底改變了喝茶要泡的習慣，而建立了隨時可喝，隨地可喝的茶的概念。當然這與我們平時所說的茶道理念有很大的差別，但這畢竟是把茶文化與快節奏相聯繫的嘗試。

易拉罐的烏龍茶在體育界引起很大的迴響。因為常用的碳酸飲料含氣體，喝入胃中，不很舒服，會影響體育競技，因此不適宜作為運動飲料。於是這種隨時能喝，又不影響競技狀態的烏龍茶，自然得到了運動員們的歡迎。茶走進了素來求快的體育界，自然打消了茶象徵著慢的傳統概念。

現在各種能快速飲用的茶已經逐漸普遍起來了，在工作場所的飲茶，不再被消極地理解，茶與快速的現代生活已經逐漸接軌。青年人開始愛喝茶了，這說明茶已經跟上了時代的步伐，茶逐漸成為老少皆宜的飲料。

坦率地說，我過去不喜歡喝茶，當口渴的時候，要泡茶再喝，有遠水不解近渴之感，泡得差不多了，又要很技巧地吹開漂著的茶葉，更是心煩。特別是在工作緊張之時，更有隔靴搔癢之感。

但是隨著年齡的增加，我對茶卻有了新的感悟。茶使人心靜，茶使人在快節奏中有所間歇，茶是張弛之道，能使人不積蓄疲勞。也許是人到了一定的年齡對同一事物的認識會有新的理解，我已經到了五十三歲。是年齡使我對茶有了新的感悟，還是茶的潛移默化的影響感悟了我，現在我還不能說清。

**范　在自然科學高度發展、科技產品主導人們生活的今天，您是如何安排休閒生活的?**

蔡　自然科學高度發展的時代，科技產品主導著人們生活的今天，我們又容易在快節奏中失去自我，但是茶卻能恢復自我，茶會去掉壓力，茶會使人放鬆，茶會使人恢復活力。

在緊張的生活中，駕車行駛是十分經常的事，於是我就買了一個車用咖啡壺，放在車上，但這是為了泡茶，而不是為了喝咖啡用。一旦路上堵車，那是最使人焦急的事了。在這樣無可奈何時，我覺得喝茶是減少焦急的好辦法。這使我想到一般的車上都提供了煙灰缸和點煙器，卻不具備飲茶設施。好一點的車子即使設有放茶杯的位置，也不會增加茶壺的運用空間。難道只有我想到了在車上喝茶嗎？不是的，我注意到許多職業司機一般都隨身攜帶一個有密封蓋的茶杯。有的還帶著暖水瓶！在高科技發展的今天，車上的裝備齊全，什麼電動車窗，自動調節座椅高度、車用電冰箱……，但是從沒有人去研發車上的飲茶設備，這倒是很有趣的事，最需要的東西竟然最沒有人去設計！

休閒的生活要求我們回歸自然，假日的郊遊，聽一聽音



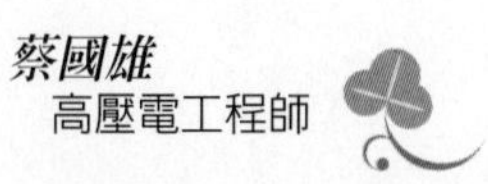

樂，都能使人放鬆去除疲勞。但是休閒中我們需要不同的去疲勞的方法。我曾想到能不能做出用於去除體力疲勞和精神疲勞這樣不同目的的茶呢？我想到茶有可能按不同使用目的設計細分產品的可能性，比如也可以設計工作時飲用的茶和休閒時飲用的茶等。茶在這個領域可能蘊藏著無限的商機。記得有一段時間「減肥茶」供不應求，日本人委託我在北京給他們買一些，我也很費了一些力氣才辦到。這些個性化的茶產品其實還是蠻有市場的。我注意到台灣的市場上已經有了茶瓜子，茶點心等用茶做出的休閒產品，而且都具有中華文化的特色，相信引進大陸會有良好的商業前景。

我的休閒生活與多數人差不多·平時工作緊張，到了節假日，我一般就是在家休息聽音樂或拉手風琴，有時還參加一些體育活動，如打乒乓球或游泳。有時間還玩電腦上的遊戲。和家人開車去郊遊也是一件樂事，但是不管做什麼，現在都離不開一壺茶水了。

**范** **是否請您談談您的成長過程、生活經驗和人生看法，和大家分享。**

**蔡** 我生在日本，小時候喝的是日本茶。日本茶味道清淡，喝茶時總是用茶壺把茶葉濾出，喝起來簡單，喝完口中保留著清香。開始喝中國茶那是回國後了，還記得回國後在天津踏上祖國土地，一切都覺得新鮮，當時給我印象最深的是中國的花茶和榨菜濃郁的味道。一開始還不太適應，但很快就適應並喜歡上了茉莉花的芳香。回國後在北京上學，經歷了文化大革命，當時我正在上中學，和所有同齡人一樣，在文化大革命中失去了繼續學習的機會，到陝北延安地區插隊。本文中的「桃花水」的故事就是在那時候聽到的。此後我到雲南當過工人，後在昆明工學院機械系畢業。文革結束後，我於上個世紀八十年代由政府公派到日本名古屋大學學習，獲得碩士和博士學位，還進行了博士後的研究。再次回國後就一直在中國電力科學研究院工作了。

回顧我的生活和工作經歷，有時在浪尖，有時又跌到了谷底。人的一生就是這樣，充滿著很大的坎坷。我記得有格言講道：「吃得苦中苦，方為人上人」，我想我還沒有達到那麼高的境地，但人生中吃的苦，也是自己一生中的寶貴財富。

前一些天我收到了這樣一個手機短訊，「錢多錢少常有就好，人醜人俊順眼就好，人老人少健康就好，家貧家富和氣就好，一切煩惱理解就好，人的一生平安就好。」我贊同這樣的看法。

我開的車是大陸生產的老百姓用的微型車，但是我也認為：「車貴車賤好開就好，車大車小舒適就好，開車旅行有茶就好，去遠去近休閒就好。」我的車雖然不是名貴的小車，但在我的車上可以喝到豪華車所具備的茶，以及裝有DIY的GPS（全球定位系統）。雖然這一切都很簡陋，但我始終認為車只不過是你腿的延長，而不是有些人認為的身份象徵。

*蔡國雄*
高壓電工程師

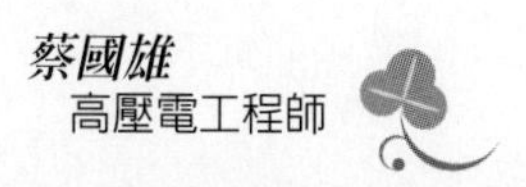

茶也是這樣，好茶、名茶固然好，但作為百姓，更需要的是在飲茶中得到休閒，在飲茶中得到安寧，在飲茶中得到歇息，在飲茶中得到感悟。對我們這樣的非專業飲茶者，我也就常認為「茶不在貴，有茶就好」。對於茶的品質，新茶、名茶固然好，但是在日常的生活中我也堅持認為「新茶舊茶好喝就好，名茶家茶是茶就好」。因為茶是重要的，但更重要的是喝茶時的心情和感受。

范 **您在台灣的故鄉是哪裡?在大陸生活是第幾代?**

蔡 我在台灣的故鄉應該說有兩個。父親出生於台中清水，母親則是出生在台北的萬華。他們在年輕時離開台灣到日本學習生活，在日本成家。我生於日本東京，我的童年也在那裡度過。 1959 年我隨父母到大陸。我應該算大陸生活的第幾代人呢？

# 鄔夢兆

## 廣州茶文化促進會會長
## ——談中國的茶文化現況

鄔夢兆先生，祖籍廣東省大埔縣，客家人。曾任封開縣委書記、縣長、廣州市市委副書記。全國政協委員，廣州茶文化促進會會長，著作茶詩、茶歌曲等與茶文化相關的著作不少，對茶文化的推動貢獻良多。

鄔會長為人謙和，博學多能，熱愛茶文化。2000年，第六屆中國國際茶文化研討會在廣州舉辦國際學術研討會之前，我就和鄔會長認識，對鄔會長為茶文化的用心和他的素養留下深刻印象。不久之後的國際研討會和廣州第一屆國際茶文化節開幕，我恭逢其盛。因此，改變了我對廣州茶文化沙漠的感覺，在此之前，對廣州飲茶風氣的盛行很有興趣，但是對廣州茶文化的停滯深感納悶，為此，曾有幾年的時間我較少到廣州去，就往北京和上海。經過2000年的廣州茶文化活動，再次引起我對廣州市的茶文化的關注，對珠江三角洲、嶺南地區的茶文化發展充滿信心。

2004年，我頻頻到廣州和茶文化人士交流。廣州經過四年的促進，茶文化頗有進展，這與鄔會長大力推動不無關係，廣州茶文化促進會的貢獻是功不可沒的。為此，我於2004年3月27日採訪了鄔夢兆會長。

* * * * *

**范** **請鄔會長談談目前中國茶文化的狀況。**

**鄔** 中國茶文化在最近10多年的發展非常迅速，也非常健康，整個茶文化事業伴隨著改革開放的發展而發展，現在無論全國也好，廣州也好，都呈現出生氣蓬勃、生氣盎然的可喜現象。在全國來說，茶文化的熱潮正興起著，先進文化也在全國各地尋求怎樣加速發展，但前提是如何適應經濟發展的變化，適應群眾迫切的需求。首先，擴大力度，加強這方面的建設，採取了很多特別的措施，這裡面它還有一個很突出的事情就是，必然要弘揚我們中華民族的優秀文化。中華民族的優秀文化是琳瑯滿目的。我曾經寫過一首詩：中華文化燦爛輝煌而且歷史也很悠久，譬如我們茶文化，范先生您就非常清楚的。以我們廣州來說，南越王墓中發現2000多件的文物，其中就有茶具、茶葉，而且《史記》記載，當時的南越王開國皇帝趙佗還曾跟大臣、群眾一起飲茶。以這個事實來說，就有兩千多年的歷史，當然，在此之前的社會也應該有此類似的飲茶的記錄。由此可見，這就是飲茶的歷史。

說起文化，陸羽曾經接受當時廣州的節度使李郛的邀請，特地來到廣州這個地方，親自為李郛泡茶、品茶，那個時候陸羽把茶文化帶到了嶺南這個地方。所以要講廣州的茶文化，嶺南的茶文化，至少應該從這個時候開始講起，而廣州的茶文化的開始時間可以說是比較早的。另外，廣州過去也是產茶的，就是現在的芳村一帶，根據記載，過去都是產茶的，當然，從全國各地來講，廣州所產的茶是比較少的，但是，喫茶吃得多，銷茶銷得多。根據1996年的統計，廣州每年平均的人均飲茶量為1665克，將近2公斤，全國的

年人均飲量才350克，全世界的人年均飲茶量是500克。廣州的人年均飲量是全國的4倍。廣州這個地方，喝茶已經是群眾化了！廣州人喜歡喝茶，尤其是喝早茶，這是誰都知道的，的確是不可一日無茶。廣州飲茶已經發展到什麼程度呢，不僅是飲早茶、飲午茶、飲晚茶，還有飲宵夜茶。過去是老頭、老漢一早就去飲茶，婦女、年輕的人比較少；現在則是男女、老幼一起去飲茶。過去飲茶所謂的一盅兩件，喝一盅茶，兩樣點心；現在發展到不僅一盅兩件，還搞茶餐，甚至還搞茶宴，有的餐館現在還搞餐前茶、佐餐茶、餐後茶，跟西方喝酒差不多，現在有的已經這樣來推行。所以飲茶的風氣隨著經濟的發展、收入的提高、生活的改善，也隨著茶文化的推動而愈來愈普遍了。所以，我們廣州的茶文化可以說是時機大好，今後的發展肯定會愈來愈好，而且我們廣州在市委、市政府的領導、關心、重視、支持，在全國各地和廣州茶人的共同努力之下，先後舉辦了三次國際茶文化節。第一次是2000年「第五屆國際茶文化研討會暨首屆廣州茶文化節」，第二屆是2001年，2003年11月我們又舉辦了第三屆廣州國際茶文化節，一屆比一屆搞得熱鬧、一屆比一屆搞得內容豐富，一屆比一屆影響大。

去年，第三屆廣州國際茶文化節的規模是比較大，但是三天的時間其實只有兩天半，因為第三天下午就要撤館了，第一天的人就來了10萬人，這不是估計數字，是進館的時候有一個儀器一個一個的統計下來的；第二天剛好是星期天，達到12萬人，第三天的上午呢是4萬人，二天半，號稱三天有26萬人參加了我們的茶文化節。

這次參加茶文化節的人數非常眾多，內容也很豐富，有11項文化活動，譬如：茶詩書聯展會、茶學術報告會、茶的品牌推介會、茶藝茶道表演會（有18個表演隊，三個是外國的，一個是日本、一個是韓國、一個是澳門），茶的科普知識長廊、珠江之畔萬人品茶會等，真是熱鬧非凡，其中萬人品茶會，有幾個特點：㈠設六大茶區，按茶的5大類提供免費的品嚐。㈡讓人民喝到真正的放心茶，提供的茶葉都是由老字號生茂泰茶莊負責檢驗，不合格的不給予參加。㈢許多的群眾都是第一次喝到這麼多類的茶，因為人的一生能夠喝到5大類的茶是不容易的，除了范先生您之外，我鄙人過去還沒有過這種經驗，最多只喝到三、四種，那是烏龍、綠茶、紅茶和黑茶，至於什麼白茶、黃茶完全沒有接觸過，我搞茶文化的都沒有喝過5大類茶，更何況一般老百姓呢？㈣還有一個特別的地方是，過去我喝茶大多是自己獨飲，有時找三、兩知己一起喝茶，最多最多也不過幾百人開茶話會，這次竟有上萬人一起喝茶，這麼熱鬧的場面倒是沒有過的。㈤在非常好的環境、非常好的氛圍下喝茶，可說是難得的事。尤其能坐在珠江畔一邊喝茶，一邊看茶藝表演，聽聽茶歌、茶曲，那可真是有趣極了。

茶文化在廣州看來是愈來愈好。這幾年廣州的茶經濟是比較弱的，不過經過這幾次的茶文化活動，對茶產業、茶科

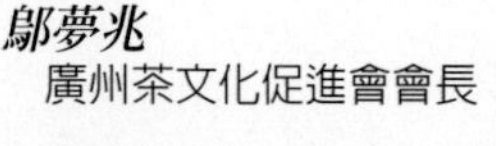

技、茶經濟的推動有很大的幫助，譬如說茶市場的繁榮，過去廣州只有南方茶葉市場七、八百家，海印那裡有一小規模的市場，現在芳村就有一千七八百家，還有廣東茶葉城，三義等，天河、海珠、白雲也有茶葉市場不下三千家。分散下去，各區街市的茶莊將近萬家。廣州的茶藝館在2000年的時候不到70家，現在2004年已經達到將近700家了！番禺就有幾十家，外地來賣茶的也愈來愈多。過去廣州賣普洱茶的很少，現在雲南的普洱茶主攻方向轉到廣州來了！

廣州的茶葉生產方面雖然比不上兄弟產茶省份，但是茶葉營銷方面卻是生氣蓬勃的，也包括了潮州的鳳凰單叢和過去的英德紅茶，廣州必將成為全國茶葉最大的集散地，成為全國茶流最大的中心。歷史上，我國茶葉是不准出口的，到了清朝的時候逐漸開禁，茶葉出口的時期，廣州是唯一出口的港口，隨著茶葉的出口也帶動了經濟的發展。所以，廣州既是海上絲綢之路的起點，也是茶瓷之路的起點。但因為絲綢的產量較少，更凸顯出茶葉的重要性。在清朝茶葉出口旺盛時期，全世界的國家都在喝茶，廣州為此獨領風騷200年，現在就不行了！

我國茶業目前是「1234」：茶園面積世界第一，生產量世界第二，出口量世界第三，創造的出口產值世界第四。以前我們幫助開發茶葉的非洲肯亞國，他們的出口產值超過我們，排名第三。所以，我們要通過茶文化的發展，通過茶產業的發展來重振中國茶業的雄風。

我在提出這個問題的時候，也強調一定要培育我們自己知名的茶品，培育知名茶品牌來重振中國茶雄風。前年在全國政協會議的時候我特別提案，我們今天能夠形成全國茶人的共識，一定要想方法把我們中國的茶葉知名的品牌拿出來，不然，說中國是茶的故鄉，是茶的原產地，是茶的祖國，而自己卻拿不出國際上知名的品牌，這有點說不過去。這個茶的品牌不單是茶葉的品牌，茶文化節的品牌也要打出來，如茶博覽會的品牌。我們廣州的茶文化節有信心，不但要成為全國知名的品牌，也要成為世界的知名品牌。

總之，廣州如果想要建設為文化大省，打造為文化名域，茶文化將是其中不可缺乏的設施之一。為什麼呢？因為當年毛澤東說過：「飲茶粵海未能忘」，他在廣州工作期間留下了非常深刻的印象，所以，他在給柳亞子的一首詩裡面就寫道：「飲茶粵海未能忘，與時俱進茶文化」。

我們去年的茶文化節就是以「飲茶粵海未能忘，與時俱進茶文化」二句話做為主題。當年魯迅先生在廣州飲茶時也留下深刻的印象，那是 1927 年擔任廣東中山大學的文科主任，他教書、生活，經常到我們的百年老字號陶陶居飲茶，他說：一杯在手可以做半日談，只要有一杯茶就可以談半天，這說明茶的魅力有多大。有一杯在手就行了！可以做半日談了，才思也來了，文思也來了，友情也來了，偉人、名人對廣州的茶都留下深刻的印象。所以，廣州發展茶文化的基礎非常好，條件也非常好，我們理所當然應該因勢利導，

將廣州的茶文化搞得熱火，廣州的品味搞得高，而且通過茶文化為建設我們的文化大省，為打造我們的文化名域添磚、添瓦。

范 **請教鄔會長，茶人的定義如何？**

鄔 我認為茶人的定義應該較廣，不單是茶的研究人員、專家、學者，不單是茶的生產者，不單是茶的經營者，而且是茶的愛好者，這就普遍了。茶的研究者不會很多吧，茶的生產者也不是很多，茶的經營者加起來也是一部分，茶的愛好者那就多了！這些都可以稱為茶人，不是局限於小範圍，「茶人」是大概念，不是小概念，廣大的普羅大眾，上至高層領導，下至普通百姓，都是我們茶人。飲茶之人，愛茶之人，研究茶之人，搞茶生產之人，搞茶經營之人，都可以稱之為「茶人」，您說對不對？

范 **謝謝鄔書記，鄔會長。**

# 袁偉

## 人民解放軍將軍
## ——談品茶、書畫和人生觀

袁偉將軍，湖北人，原軍事博物館館長，書法藝術家。

認識袁將軍是中國茶宮董事長韋慶立先生安排的，2004年7月25日為了籌備11月在深圳文博會時舉辦「中國茶道論壇」，我們在北京相聚商討，當時還邀請了李鐸將軍、林麗韞大姐等人出席。在非常愉快的氣氛中，彼此相約11月於深圳再見面。袁將軍對李鐸將軍和林大姊長輩都非常謙恭有禮，給人留下深刻印象，這也是我第一次和人民解放軍將軍的相處，心裡本來是有點緊張和嚴肅，但是，李鐸將軍親切和藹、平易近人的態度和袁將軍溫文儒雅的風采，都讓我們覺得很自然、很輕鬆。李鐸將軍談到來台灣訪問的心情還顯得特別興奮，我也誠懇的邀請他們在深圳見面之後，大家能在台灣再相聚。

2004年11月3日我依約到深圳。在三天熱鬧、緊湊的茶文化活動中，袁將軍忙碌的為很多人揮毫，我也很榮幸的在11月6日上午臨搭火車離開深圳前往廣州時，採訪了袁偉將軍和得到袁將軍的墨寶。

*　　*　　*　　*　　*

**范　請袁館長談談您喝茶的因緣，當初爲什麼會和茶文化結緣的？**

袁　因為小韋是部隊轉業過來的同志，他到北京時談到了有關中國茶文化的工作，想推動中國茶文化事業，我一聽就很感興趣，因為我對茶本來也很有興趣，以前也擔任過好幾位首長的祕書，他們都喜歡喝茶，每次要喝茶時都是我幫沏的，各種各樣的茶都有，慢慢的就培養出對茶的興趣了！正好小韋談到建茶宮的事，我認為這是件好事情，便自我推薦，開始投入運作了。當時我邀請當時的國家領導人、一些軍事高級將領，請他們題字。另一方面，小韋如果有什麼好茶就送我一些，我也會把茶轉送給領導，他們都很高興，就這樣，建立起關係。

范 **這時間大概是那一年？**

袁 這早了，是93年，這些黨和國家領導人題的字都是93年，現在好幾個都走了！

范 **在這之前，您一直有喝茶的習慣嗎？**

袁 有喝茶的習慣。

范 **是家裡的關係，還是其他的原因使您從小就有喝茶習慣！**

袁 從小就有喝茶習慣，家裡喝，但喝得不多，到了部隊之後，因為長期搞文字工作的關係，當新聞記者，又當研究員，感覺睏了就想喝點茶提提神，嚐到喝茶的甜頭了！以後就成為習慣了，現在每天都要喝茶，一天不喝就受不了。

范 **剛開始的時候，您是喝什麼茶？**

袁 開始的時候比較亂！喝清茶呀，花茶呀，都喝，碰到什麼就喝什麼，因為那個時候沒有條件，後來當了領導了，就比較固定了！最近這幾年就喝鐵觀音茶。

**范 您喝茶的過程當中，各種茶都喝過，那麼您對各種茶的印象和感受是什麼？**

袁 我對鐵觀音還是最感興趣，它充滿了回味感，我家裡就不一樣，我愛人她喜歡喝花茶，孩子喜歡喝清茶，我一家人都喜歡喝茶。

**范 您對目前茶文化的發展有什麼看法？**

袁 我覺得茶文化確實博大精深，應該要好好的繼承傳統。陸羽就是我們家鄉人，我是湖北人，現在到處都有賣茶的，但要怎麼樣好好的組織與加強呢？我認為需要一個全國性的茶文化組織，好比成立一個「中國茶文化學會」，把全國各地有關茶的團體組織起來，將全國的茶莊、茶藝館採取掛牌的辦法，分幾個檔次，搞五星級的。這個「五」星級的，規模辦法要如何擬定？地方有多大？品種有多少？同時規定不能賣贋品茶，這樣才能為它掛張牌子，提高它的知名度，進而取得群眾對茶的信任。另外，對茶道要深入研究，就如同您昨天的講話很受歡迎！從理論上去探討，把茶的傳統記錄起來。一般說來，日本人很重視喝茶，也很有研究，但是我們在這方面的研究、國家的重視都還不夠，人民對茶的知識，茶的傳統，茶文化和經濟的關係，更需要加強研究，加強探討。

范 **請您談談平常寫書法跟喝茶、生活這方面有些什麼啓發？**

袁 我最大的感覺是寫書法很睏的時候，就來一壺茶！馬上很清醒、有精神，而且很多靈感一湧而上。有時候寫不下去了，喝起一杯茶，又會特別清醒，尤其是靈感源源不絕。

范 **書法和茶文化有什麼關係？**

袁 書法和茶文化應該是同源的，都是中華文化的一部分，它們只是分支。

范 **請您簡單的介紹您的成長過程。**

袁 我出生在湖北的農村，父親是工人，母親很早去世，我當兵比較早，16 歲就參軍。到部隊以後，先當警衛員，因為從小就喜歡畫圖、寫字，剛開始是寫些個人小文章在報紙上發表，以後當了記者，從事新聞寫作，有 10 多年之久。後來中央成立一個軍事科學院，需要專人描寫我們軍隊的歷史，因為我文章著述甚多，便把我調去當研究員，專門寫我們軍隊發展壯大的事，這其中包括五千年的軍事史，我搞了好多年，也發表了 20 多本書，正好國家要挑一個懂軍事歷史的，又可以當領導、當管理的，就這樣地再次把我調去軍事歷史博物館當館長，一幹就幹了 13 年。

**范** **您對人生的看法怎麼樣？**

**袁** 我對人生的看法，還是諸葛亮講的吧：「淡泊明志」。像我當將軍當了10多年，過去比我低的，甚至能力都比我差的，現在他們爬了很高，可是我不能這樣和他們比，如果要比，那就有怨氣了。我現在沒有上去，但，我過得卻很瀟洒，為什麼呢？我喜歡喝茶，我喜歡寫字，我到每一個地方，都帶著很多書畫家一塊兒去，去發揚、繼承我們國家的文化，也結交了很多新的朋友，特別是市場經濟的發展，人民生活水準的提高，大多數的人對書畫文化，對這個茶文化都喜歡學，現在很多人都喜歡喝茶，都喜歡書畫，所以茶文化、書畫文化都已經進入家庭，進入社會，現在家裡招待客人是喝茶。這點，我覺得還是不夠，還要進一步的繼承和發揚。

**范** **我們說「茶人」，袁館長對「茶人」的定義有什麼看法？怎麼樣的人才能稱得上是茶人。**

**袁** 我們國家喝茶的人很多，但真正能稱得上是茶人的並不多。茶人，對茶的歷史應該了解，茶和我們經濟的關係，和其他各行各業的關係，這點還必須懂吧！您對茶要品得出來，也就是說，要懂茶，要知道茶的歷史，茶文化和國家社會的關係。像您就可以說是茶人，我覺得要當個茶人，必須要在這幾個方面去研究。

范 **袁館長是一個職業軍人，您認爲軍人和茶人有沒有相關的地方？**

袁 有相同的地方，您看我們好多的老同志，在30年代的時候，在一個大的戰役，大的戰鬥之後、碰到困難的時候，喝點茶，腦子就清醒了！現在很多大的問題，都是通過喝點茶啦！討論聊天以後，去做、去解決。

范 **在思想上面，內涵上面，茶人和軍人，袁將軍有什麼看法？軍人給人的感覺是武的嘛！茶人給人的感覺是文的嘛！兩者之間有沒有相通的，或矛盾的地方？請袁將軍來說說。**

袁 現在的部隊，由於科技的發展已經和過去是不一樣了，過去我們的老前輩是喜歡喝茶的，但研究茶就不一定都肯下功夫。

范 **袁將軍對現在茶文化的看法如何？**

袁 我前面已經說過了，應該成立一個全國性的組織，搞一些茶文化的普及工作。

范 **對於茶道、茶藝，您的看法如何？**

袁 茶藝，我並沒有研究，但是看了昨天的茶藝表演我很感興趣，我看了都不想走。

范 **這次有機會再和袁將軍見面，我很高興、也很興奮，我們是第二次見面了，您是軍人嘛！那我是比較文的，現**

**在我們文武都能結合起來，也可以是很好的朋友，這也是以茶做橋樑，是很有意義，謝謝袁館長。**

袁 對！是「以茶會友」。

# 袁　革

## 廣東省供銷學校校長

## ——談珠江三角洲、嶺南茶文化

袁革，廣東人，50餘歲，漢族，暨南大學商科畢業，廣東省供銷學校校長。認識袁革校長是2004年3月29日由朱自勵老師所安排的，這天上午我應邀前往廣東省供銷學校訪問，當天校長因有公事未能在校，由副校長接待，而袁校長於當天晚上即前來住宿的酒店見面，相談之下，彼此許多理念相當一致，頗有相見恨晚的感覺。

2004年7月11日再訪廣東，經過兩天的深入探討廣東的茶文化和供銷學校交流有關茶藝教育的發展問題，7月13日上午決定走訪珠江三角洲，在前往東莞的路上採訪了袁校長。

*　*　*　*　*

范　**請問袁校長，供銷學校的茶藝課程開設緣起。**

袁　我們學校在93年首先由我開設「茶酒文化」課程。當時在市場營銷專業內已開了這個課程，很受學生歡迎。97年時才開始有「茶藝課」。到了2002年設置專業，這是為了因應物業管理大專業下的大方向所設的茶藝館經營管理，學生的出路都很好，特別是茶藝館的需求量很大，像2003年，業者想僱用這個專業的學生非常多，即使在「非典」期間，因為茶藝館歇業都回到家休息，不用上班，但業者為了爭取這些預定的實習學生能在他們的公司上班，仍然發給他們一人幾千塊的工資。因此，這個專業的學生是供不應求的。

範 **校長為什麼對這個專業那麼關注？**

袁 我們的感覺是茶藝跟我們財經類的學校相關，供銷的學校是研究市場的學校，主骨的專業是市場營銷專業，它培養的學生，在前期，以業務經營和推銷人員居多，中期則有大量的小老闆產生。畢業後，他們首先接受交際的媒介，通過茶更加容易融入業務交際環境。我們97年開始開設這個特色專業之後，有了根本性的改變。在茶藝實操課程之後，茶藝隊在很短的時間內，提升了學生的職業素養，給人耳目一新的感覺，比方講，這些學生很有禮貌，也很勤快，只要進入茶藝的教室，他們很自然的就會加以整理，收拾所有茶具，整個環境都會打掃得很乾淨。因此，凡是上過一個學期課程的學生，變得比以往較有可取之處。所以，我們認為開這門茶業課程對於做為交際的媒介、學生的素養，甚至做為一個文明人，包括做為農村的小孩融入城市的文化（我們現在叫「城市化意識教育」）都有相當的幫助。因為，我們學校有相當多的學生是來自農村；再往下伸的話，不僅僅學生能感受到茶文化是我們中華文化的精髓，還學會許多中國傳統文明中比較好的一些美德、習俗都體現在茶文化裡面。所以，我們學校現在有31個社團，大家一致的想法便是，「茶藝隊」是風氣最好的一個社團，不管這些學生將來是否會在茶藝館工作。但是，茶藝已經成為他們生活的一種情趣，一種生活的路程，即使是進入大學深造，也不會忘

記。

**范** **茶藝隊有多少位學生？**

**袁** 50多位，一般想進入茶藝隊的同學有一、二百位，經過挑選才能進入茶藝隊。

**范** **那麼參加茶藝隊的同學要不要再交費？**

**袁** 不用再交費。茶藝老師也是義務來指導學生。

**范** **茶藝隊的學生男女的比例如何？**

**袁** 女生多一點，大約是2：1。但是，對茶性的感覺好像男生要比女生要好一點。

**范** **校長如何看待茶藝專業的發展？**

**袁** 我們主要的專業主幹方向是商品和市場營銷。市場營銷茶藝的專業，像昨天范老師您所建議的，把它改為「茶藝與茶業經營管理」，我覺得范老師建議的這兩個概念很好，因為我們中專學校要服務於區域經濟和區域的物產。其實，我們原來叫「茶文化與茶藝館經營管理」，可能您的「茶藝與茶業經營管理」比較更接近市場，我對這個專業的比較理想的發展是兩塊，第一塊是茶藝，因為茶藝在我們國家，包括在廣東的發展前景看好，我對茶藝在廣東的發展認為更具有特殊的地方性，茶藝素來講究「平和」與「靜」，廣東的經濟改革發展領先了將近30年，其中它很重要的原因是廣東強調包容性，對外來的東西不排斥，凡是各家所長它都會吸取，茶藝有某種共通的地方，所以茶藝在廣東，特別在潮汕地區的工夫茶、在珠江三角洲所流行的鐵觀音茶和現在的普洱茶，都很有發展。從茶業上來講，廣東應該是銷大於產；從全國的茶業特別是烏龍茶來講，是我國主要的消費地區。所以，從這兩點上看，我們假定從茶藝培養，從承傳中國茶文化的後代，從茶葉的營銷來講，培養中級的營銷人員這個專業是有發展的，我們專業開設了兩年，但搶這個專業的畢業生卻已三年了！遠遠的供不應求，我們培養學生不能急，僅止於教育部講的，中專學校要有高的，百分之八十一次就業到位率，我們現代的一次就業到位率，包括升大，進入大學的或者職業院校的，我們就超過百分之九八，基本上是百分之百。但是，我想我們要在教育部的基礎要求的同時，根據廣東或者我們學校的特點，要求各個專業的畢業生要有一個工資檔，就是收入檔次，比方講，我們學生收入不能少於一千塊錢一個月，否則我們學生讀了三年的書白讀了，只相當於一般民工，我們是中級的職業人才，比較高的工資檔次。茶藝和茶業經營管理專業在我們20個專業中，應該是前5個工資檔次高的，它是一個比較學以致用的專業，能夠學到以後，工資檔次比較高的就業檔，這樣才對得起學生和家長，學生也比較快的能收回學習成本。

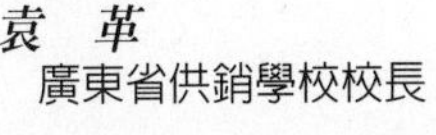

**范** **校長爲什麼會喜歡茶？什麼時候開始關注茶文化、熱愛茶？**

**袁** 我對茶的興趣，時間不算太長，最早接觸茶的原因應該是為了下火。廣東人講有火氣嘛要下火，有人說是降火。最早我下鄉的時候，從廣州去海南島，海南島下火最簡單的方法就是喝山茶，野生的，山裡面的那些喬木，回甘、清涼呀！後來茶的品種多了，特別像普洱茶、一兩年的生餅，綠茶最能下火，我就是這樣慢慢喝起來的。後來學校的環境比較便利喝茶，老師們常常坐下來喝點茶，而我們這種類型的學校都會要求學生須有若干的能力，其中就是交際的能力，後來也成為了我們的課程內容，並做為一種專業來規劃了。我們學校最便利的地方，就是有寒暑假，有兩個黃金週，五一、十一，全國主要的茗茶產區我都陸陸續續地去看過了！

**范** **您對茶藝的看法如何？什麼叫茶藝？**

**袁** 我的研究不是很深，但是，我是研究市場的，重點是研究商務談判；我也讀了范老師您的《中華茶藝學》，特別是「茶藝」和「茶藝學」的定義，我和朱老師探討過，對於一個關鍵性學科名稱的定義，我一般分為四個部分：第一，是質的規定性，比如茶藝，它質的規定性在哪裡？是什麼性質的技能或者是學科？第二，主要的研究範圍，它包括哪幾個範圍？第三，主要的內涵是哪些？第四，它的外延到哪裡？對茶藝的定義，我的主張則是要注意到這四個部分，它的性質是什麼？它的內涵、範圍在哪裡？外延到哪個方向？

**范** **那麼您對茶文化的看法？**

**袁** 我認為應該有三個概念。去年我到雲南20來天，有三個經驗讓我意識到茶文化的重要：第一個是我看到茶馬古道。第二個是發現巴達茶王樹。第三個是去尋找那個萬畝千年古茶樹，並看了那些地方的初級水平的茶業情況。除此之外，我對茶文化也有三個不同的期許：第一，要追溯茶的源起。第二，發揚我中國茶文化的優良傳統，就是要發揚茶文化精髓的東西，讓現代的小孩都能懂。第三，茶，包括茶文化，它應該是世界的概念。所以我們必須讓人知道茶是源起於中國，茶文化在中國很燦爛，特別是學習茶專業的同學，茶文化應該擴展到全世界。不僅要了解中國的茶文化，還要廣泛的了解世界茶文化。就我們這種類型的學校還應該通過茶文化來發展中國的茶業。我參觀過英德茶廠，就是廣東茶科所，看到了就很痛心，因為英德茶廠生產的紅茶，是廣東唯一的兩種名茶之一，單叢和英紅。但是，英德茶廠基本上已經瀕臨破產，關閉狀態了！那就說明了英紅沒有適應市場，特別沒有適應世界市場的要求。即使紅茶以外的其他茶，恐怕生產、流通環節都沒有按照國際化標準去實行，譬如農藥的殘留問題等等，所以，在弘揚茶文化的同時能夠重

振中國茶業，起碼我們的文化得到發揚，我們這個專業像范老師講的「茶藝與茶業經營管理」專業的學生，他們將來創業的前途就會有更加寬廣的道路。所以，對茶文化來講，它有文化意義的東西，也有經濟意義的東西。

**范** **請問校長對茶人的看法，怎麼樣的人才能叫做茶人？**

**袁** 我認為要成為一個茶人，我有粗淺的看法，第一，首先要有茶性，就是說這個人看上去確實是沒有太多的慾念，比較平靜、比較平和、比較淡泊的人。如果是和世俗的東西掛得太緊的人，他很難很有茶性；很浮躁的人很難很有茶性。這一類的人是有點先天性的，但是可以靠後天來修養、來修練、來靠攏。如果太時髦，太過浮躁，太過於外向，太過於表露，它是有距離的。第二，我覺得茶人就像范老師講的，不能太重視錢的；當然，也不能沒有錢，任何一種興趣、愛好都是用錢堆起來的，培養出來的，沒有錢沒有辦法培養對茶的心得。喝茶和喝酒是不一樣的，我不喝酒、不抽煙，但是我觀察喝酒的人只要酒癮上來了，工業酒精勾對的酒他都會過下癮；但是喝茶呢，喝上去的人就下不來了，其他的茶他上不了口。所以，茶是要有一定的物質基礎，有一定的經濟條件做為基礎。但是，如果是通過茶來追求利潤，他就不是茶人，是茶商。所以，我一直就感覺到「茶人」和「茶商」有本質的區別，就是茶人在某種情況上面，某種界限或者某種底線掌握比較好的話，也可以以茶養茶。因為如果我們沒有太多的經濟基礎的話，您沒有辦法培養和提高對茶的審美情趣，底線就是不能通過茶來混級混等、來坑人、去謀利；如果是正常的把茶推薦，以茶養茶，這個界限是變好的，茶人和茶商是不一樣的。但是茶人可以以茶養茶。第三，我認為：中國的茶人或者是廣義的茶人應該像廣東人所表露的，所倡導的「相容」。我接觸到一部分茶人，有一點像古時候的文人，文人相輕，認為您要學茶，我就是最好的，不是最高境界也是最有代表性的；其實，什麼樣的茶它融合起來，有幾百家、幾千家，他喝綠茶有喝綠茶的境界，喝烏龍茶有喝烏龍茶的境界，不能夠只憑一個地方，或者只憑一種喝法代表一個地區。

廣東這個地方，它的茶業，茶的消費，包括茶的流通規模，在全國是領先的。但是，廣東的茶文化，在全國是屬於中後段的。這中間有兩個原因，第一是廣東人很務實，所以經濟重於文化。第二是廣東不很多的所謂文化人，沒有整合起來，呈分散狀態，甚至講得不好是處於分裂狀態。我最近建議朱老師研究一個課題：嶺南茶文化和海派茶文化的同異。但是，嶺南茶文化和海派茶文化最好是能融合在一塊。當然，嶺南茶文化您首先要把它整理出來，為領南茶文化的融合做些鋪墊的工作。

范 **請袁校長爲嶺南茶文化下個界說，什麼叫領南茶文化？**

*袁　革*
廣東省供銷學校校長

**袁** 我對嶺南茶文化從三個角度來說，我同意范老師所講的，成為一個學科，特別是邊緣學科，應該是抽出異的東西，把同的東西去掉。因為，如果都是同的東西沒有必要成為一門學科，特別是邊緣學科。異的東西從嶺南茶文化概念上來講有三個：第一，嶺南茶文化的民俗性，嶺南茶文化從中唐期來講最典型的代表是潮州工夫茶，潮州工夫茶已經融入平民的生活，大眾化了！就全國來講，一種茶藝，即使很簡化的工夫茶藝，它的普及程度恐怕找不到像潮汕工夫茶藝那樣普及的。所以，研究嶺南茶文化，從中唐期的潮汕工夫茶到近期珠江三角洲，由於它的中小型衛星城市的建設、中產階級的出現，也由於經濟收入持續地中期發展，它形成了茶的消費相當的發展，也成了民俗的一部分。第二，嶺南人，或者廣東人，特別是珠江三角洲的28個縣市區域雖僅佔全省的30%的人口，卻幾乎佔了全省80%的產值。就以這個區域的人的心態上來了解，廣東人是比較務實，包容性比較強，比較平和的天性，不太過問那種很抽象的政治，只要明天比今天好就可以。嶺南的文化融合在茶裡面有一個東西，它昇華出來，所以通過茶體現了廣東人的一種心態，或者一個文化特點，而和茶有了小小的連繫，不是一種因果，但是它可以在茶裡體現出來，它比較平和；還有一個很重要的原因是，在潮汕喝工夫茶已經很平民化、普及化，所以潮汕工夫茶很平等，就是三個杯，大家喝吧！我覺得廣東人也是這樣，您有錢、還是您沒有錢，他不會太放在心上，您有錢那是您的本事，心態上不會很不平衡，這也是一種文化。第三，嶺南茶文化是中唐期嶺南的茶、嶺南的茶藝兩者綜合的作用發揮，嶺南的茶文化，特別是潮汕的工夫茶和珠江三角洲，受這20多年來茶的影響或者茶藝對廣東的社會、經濟、人文所起的作用。我認識的嶺南茶文化就是從這三個角度來看。

范 **茶藝是從茶俗提升上來的，茶俗以後才有茶藝，沒有提升上來之前都是俗。**

袁 對！茶藝在我們學校是從兩個角度來探討和解釋。一個角度是從廣東的民俗上來講，廣東民俗緊緊相連茶藝，潮汕工夫茶和客家擂茶是我們廣東最有特色的兩種。第二個角度是我們的學生對茶藝的研究，從現實上來講，目前廣東最流行的是潮汕工夫茶和台式工夫茶，就是鐵觀音，另外是普洱茶，第四種就是混合茶，像是英國的下午茶，特別是廣東的三大城市，廣州、佛山、深圳，他們年輕人的時尚流行喝紅茶，消費時尚是喝混合茶。廣東最多的茶葉消費習慣是這四種，我們就是要培養這種適應市場的人才，所以它是從這兩個角度來看。

我們學校的實習茶藝館是在星期五開始營業，六、日消費的學生較多，也有許多是喝調和茶的，茶藝專業的學生首先放在目前廣東市場流行的茶葉，同時也要能懂得廣東傳統的茶俗、茶藝有哪些。我們學生的擂茶茶藝做得還不錯呢。

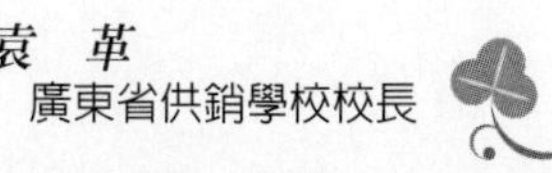

**范** **校長對於我們學校的茶藝教育有什麼構想？**

**袁** 我首先比較關心小的概念，我們學校茶藝專業的發展問題，這個專業辦下去的經濟效益和社會效益，從這個專業來講，要看看市場的需求，能不能形成專業特色，而專業特色能不能形成它的師資特色。然後，師資特色必須要解決人才市場的聯動，盡量的密切，對外交流的擴展，從老師的角度來講，它能不能夠試驗成一種適宜的機制，這個機制是雙贏的，老師自己是否能提高，學校能否有經濟效益和社會效益。

大的角度我想的還不是很多，但是我想在廣東的茶業上來講，它已經形成一個規模，一個消費的規模和交易的規模，深化加工的規模也已逐漸在形成。所以對茶藝或者茶文化，我的理想境界，首先就是廣東應該有和這規模相應的茶藝和茶文化發展的程度，還必須和文化相當並與時俱進，因為經濟和文化是相輔相成的，現在應該講茶業和茶文化致富於這三個規模。

至於外界或者外省熟悉茶業的其他人士，可能就到不了這個檔次，您光是吃，但是可要吃出文化來喔！所以，我第一個想的是廣東應該發展和這三個規模所應有的相適應的程度，也就是說您要有相應的文化積澱。第二個我認為在茶文化裡頭應該要重視挖掘嶺南茶文化，因為您不可能講到和江浙一樣的茶文化程度，中國茶文化底蘊最深，還是江浙一帶。所以圍繞這兩個理想境界，我期望能夠整合廣東研究茶文化的這批人員，如果能夠齊心協力搞起來，有一點深度，少一點文人相輕的問題，多做一點實事，您搞文化就搞文化，最多只是以茶養茶，不要打著茶文化的幌子去賺那些不舒服的錢，靜下來您心裡都過不去的錢，我認為是這樣。其實，廣東發展茶文化或嶺南茶文化是很有條件的。還有廣東人很務實。另外，要有這個閒錢，有這樣的經濟能力，才能做這樣的深度的專題研究。

　　而廣東和港台的交往非常方便。但是，我看廣東這些搞茶文化的，短期內還無法達到這個水準。其實，喝茶嶺南派和海派都是有特點，也算是比較強勢的。

**謝謝校長接受採訪。**

*袁　革*
廣東省供銷學校校長

# 曹　鵬

## 中國書畫雜誌主編
## ——談茶讓中國人更加中國

曹鵬博士，現任經濟日報集團《中國書畫》雜誌社主編。曹先生是新聞傳播學博士，在大學裡兼職授課，是博學多才的教授。

曹博士說：對於茶學，我雖不是科班出身，但是所下功夫實在不少，旁的不講，資料與專業圖書報刊的收集以及研讀，或許不比任何茶學專業研究生遜色。這是他在所著的《功夫茶話》自序所說的。2003年2月，我前往經濟日報中國書畫雜誌社拜訪了曹博士，在他的辦公會議室內就有好茶香，品飲之餘，頗為羨慕他的工作，他的生活。

2004年2月15日我再訪北京並決定採訪曹博士，計提出10個問題請教他，3月2日上午曹博士的採訪完成書面稿。

*　*　*　*　*

**范 請問曹博士，我們知道您撰寫了有關茶文化的書，您喜歡茶是基於什麼原因？目前有關茶的探討或研究還有些什麼具體計劃？**

曹 中國人喜歡茶是沒有原因的，就跟德國人喜歡啤酒、土耳其人喜歡咖啡是一樣。茶文化就是中國人生活方式的一個必要的組成部分。喜歡茶是不需要原因的，反過來不喜歡茶可能需要原因。其實我一直在編寫一本和茶有關的詩、文、書、畫的書，目前正在梳理中國傳統文化裡面以茶為主題的詩歌、文章、書法、繪畫、篆刻以及陶瓷這些方面的資料，我想把它編成比較專業的，兼有茶學與書畫、文學眼光的一本書。只是由於精力有限，比較零散，收集了不少東西。國人對茶文化的重視程度不夠，沒有把它當成一門學術或者說是國學的一個方面來看待。國學都是經史子集，陸羽的《茶經》這一類屬於國學的小學科。但是喝茶是中國人的生活方式之一，就跟中國的飲食文化一樣，吃喝不是小事，過去聖人講「民以食為天」，不僅僅是食，更以喝為先，人可以不吃但不可以不喝。我認為學術界、文化界對茶的重視不夠。因此應該整理茶文獻，不僅僅包括茶史、茶論還包括茶的藝術作品的東西。

**范** **曹博士您本來是學文學的，後來又學新聞，而現在除了在高校擔任教職，還主持《中國書畫》雜誌，請問您如何會有那麼廣泛的涉獵？又如何能兼顧方方面面的工作？茶在您的生活和工作中的份量如何？**

**曹** 中國文化一直有這樣一個傳統，自古以來最高境界講「博學多才」、「一事不知，儒者知恥」。我並不自詡為博學，但是我認為涉獵廣泛符合中國文化的傳統精神，中國文化人本來就是興趣廣泛。古代大名家如歐陽修、韓愈都是涉獵很多領域，歐陽修還寫過園林方面的書，現代的學者已很少有人能夠涉獵如此廣泛。歐陽修、韓愈等人又是政治家，所著論著裡面又都含有政治思想、經濟思想、軍事思想，這並不奇怪。我自己天性上對什麼都很感興趣，治學方面也比較廣泛、比較博雜。我要是有什麼優點的話，就是好學，對文學、新聞學、經濟學、管理學等都有研究。因為新

聞就是廣泛接觸外界、認識社會的一門職業；文學也具有這一特點。我所學的專業都不是比較偏窄的學科，例如高能理論，它不需要涉獵廣泛，比較專一即可。從職業角度或者說專業訓練來講，就要求我一定要很博達。那麼，我究竟是萬花筒，還是百科全書式？有知友開玩笑說，我是百科全書派的學者。再一個原因是我比較珍惜時間，重視工作方法，我在方法上有一些自己的心得，要沒有很好的學習、工作方法是不可思議的，因為我每年至少要出一本書，文章至少要寫五六十篇，每篇至少三、四千字的篇幅。這就好比「彈鋼琴」，十個指頭要學會協調。比如說逛書店，別人一般只去一兩個感興趣的書架，而我會去逛好多書架，甚至整個巡視一遍。從工作角度新聞傳播的書籍中，我要看有沒有新的成果出來，另外我的本職工作是書畫，顯然我要看，此外有關茶方面的新書、新作要看一看，我自己還對文學、歷史學感興趣，包括傳統國學以經史子集為代表的古籍著作，我也是興趣濃厚。這樣下來，人文類的書籍我不感興趣的不多，還包括經濟、管理以及上市公司的運作、治理等書籍，因為我還擔任天歌傳媒的獨立董事，我必須要了解、補充這方面的知識。因此如果善於「彈鋼琴」，能夠有一個非常科學有效的學習、工作計劃，我覺得並不難。我每週、每天都有工作計劃，並且每天都做工作日誌，我的時間一般都以半小時為單位，計劃之外的半小時對我來講應該是一個很奢侈的安排，包括外人來訪也是以半個小時為單位，超過半小時，漫無邊際地聊，對我來說很難得，其實我自己很喜歡與別人聊天、交談，但是由於工作壓力大、任務重，所以必須把時間安排好。

至於說茶在工作生活中的份量如何，我覺得茶是生活和工作的必需品，就跟空氣是我們生活中的必需品一樣，這可能是一種癮，如果沒有茶就覺得少了一點什麼。換成果汁、碳酸飲料可不可以，偶一為之可以，但天天喝可樂，從我的角度會覺得沒有滋味。因此緊張的工作肯定需要快節奏的生活同時需要很好的調劑，而茶無論從它本身的性質作為一種飲料，還是從精神層面都是非常好的調劑滋養品。這可能是中國人的生活方式吧，中國人喜歡喝茶，讓自己工作、生活地有滋有味。就像有人喜歡喝咖啡一樣，但咖啡不如茶清純，我感覺茶給人心理上的感受是清純，沒有太多的雜質，不像咖啡放很多的添加劑，茶就是來自大自然的一把樹葉，在喝茶的時候會感覺到和自然貼近，是回歸自然而不是一種工業時代的消費品。中國茶和中國書畫一樣沒有太多的配料，凡是需要配料的就離真味、本味遠了。中國人是很講究真味的，絢爛到極致就歸於樸素。中國的書畫藝術例如水墨畫本身就是看上去很簡單，但是內涵很豐富，茶也是如此。

范 **請問曹博士對目前中國茶文化的看法如何？**

曹 中國現在在理論上、輿論環境上，茶文化方興未艾。茶文化可以分為兩個層面，一個是按照社會學家、民俗學

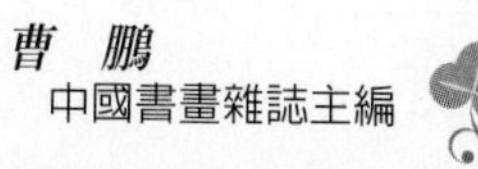

家的分類，茶文化是一種普通的生活方式，這種文化一直延續下來，原因在於社會、經濟、文化背景比較簡單，不那麼講究，有茶喝就行了，至於茶具等配套設施就不是那麼在乎了。至於說備上幾套好的茶具，設計一個茶室，可以增加茶文化的氛圍、格調、品味，這些才剛剛興起，總的來說，越來越多的人對茶和茶文化有了濃厚的興趣。但是，也需要正確的引導，把茶和中國文化的關係認識清楚，茶應該在中國文化中佔一個怎麼樣的位置，怎麼喝茶，為什麼要喝茶。

目前中國茶文化的宣傳與中國傳統文化精神的本質有一個偏離，講求小資情調和比較膚淺的復古情調，而沒有把茶文化當成對傳統民族精神的一種體悟，一種回歸自然或者是一種沉思，這是茶文化需要強調的，也是茶文化的第二個層面。它有點接近日本的茶道，講究的是禪，「茶禪一味」嘛。也就是說把喝茶當成一種辦宗教的儀式，實際上，我認為這有合理的一面。對於茶物質層面的享受是一方面，還有重視精神層面的修練，通過喝茶使自己心靜、平和，精神更高潔。

**范** **請問曹博士對目前中國大陸逐漸興起的茶藝館熱有何看法？對現有的茶藝館的經營方式和服務狀況意見如何？**

**曹** 這實際上是一件好事，因為這是培養市場，有了市場才有這方面的消費。同時現在大陸因為經濟發展，需要更多的社交場合，既然有那麼多飯店、酒吧，也應該有茶藝館。茶藝館是中國特色的社交場合，在《清明上河圖》裡面有許多茶館，應該說是自古以來就有的。《水滸傳》裡很多場面都是在茶藝館裡發生的，最著名的西門慶與潘金蓮相識就是在王婆的茶館裡，這是極有代表性的。現在逐漸興起的茶館熱，我認為是非常可喜的，但是由於現在有許多城市人們還沒有去茶館消費的習慣，因此不少茶館價格定位非常高，這對行業是不利的，而在廣州、成都茶館消費很方便，十來塊錢可以喝半天茶，因為這些城市有這樣的傳統，因此價格可以降下來，可以到茶館去看書、看報，甚至睡覺。茶藝館是一個交際場所，我認為茶藝館越多越好，過於高檔次的茶藝消費也有必要，但不應是主流。茶應該是日常消費，不應該變成一種特殊的消費，就像魚翅，可以吃，但不能天天吃。因為可以得出結論：魚翅不是日常生活用品，而茶是日常生活用品。茶藝館應該在這個層次來尋找顧客，滿足日常的消費需求。關於茶藝館的經營方式與服務狀況，我覺得服務都還是不錯的，價位有一點問題，應該更大眾化、平常化，門檻低一點。以北京為例，以前有很多茶館可以自己帶茶葉的，就收一點開水費，這也是一種經營方式，茶館一個重要功能是社交場所。

**范** **曹博士對目前所出版的有關茶文化的書籍有何評價？**

**曹** 我認為這方面的書可以出得更多一點，有一些書是很好的，但有一些書是攢出來的，也就是速成的書，這是有問題的。這些書從開始寫到出書也許就用了一、二個月，缺

乏系統深入的研究，因此常識性的東西堆砌得太多，無非是茶的產地、歷史、分類、茶具這些東西，很好找到，簡單拼湊就成了一本書，太容易，當然這些書也起了一種宣傳、普及茶文化的作用。但是真正有學術價值、理論價值、文化價值的書，換句話說大手筆的書少之又少，比如歷史上宋代有一個大書法家蔡襄寫了一本《茶錄》，這種很高層次的文化人寫的大手筆的書是市場的缺門。我的《功夫茶話》之所以印了四、五次也是在於很多人認為這本書的文氣較重，在茶的專業知識之外，文化味很濃。我認為茶文化的書應該有更多的精品，必須由很高水平的大手筆來寫。寫茶的文字一定要非常講究，在普及傳播知識，探討茶學、茶文化的同時，要讓人得到文學的美感和享受。好多人提到我的《功夫茶話》，認為比較有個人的風格，這本書就好像是茶，經得起沖泡。我的文字風格相當於中國畫中的白描或水墨畫，粗看可能很平平，很樸素，追求素、平、白這樣的效果，但是第二遍、第三遍看，仍然有新意，還耐看，這是很多我的讀者，喜歡我文字風格的人反饋的一個共同特點，就是我寫的文章看上去就像說話一樣平白，但是仔細推敲，真正內行的人會感覺到裡面是有章法、有匠心的。這種樸素不是一般人寫、隨便寫就能寫那麼樸素的，我不喜歡那種堆砌詞藻、裝腔作勢的寫作方式。一本茶書如果經不住時間的沖泡，那就不是一本好茶書，什麼叫「時間沖泡」，那就是再版。例如陸羽的《茶經》就不斷地再版，泡了一千多年還有味道且非常濃釅。

范 **請您談一談您的成長過程和工作經歷、家庭狀況。**

曹 我的成長過程是比較順利的，1980年，我十六歲上南開大學，畢業後做報紙工作，後來又讀中國人民大學的研究生，畢業後繼續做報紙工作，然後又去讀博士，畢業後接著做報紙工作，做過記者、編輯，後來又搞研究、教學、報刊經濟管理等工作，現在又主編一本大型藝術類月刊。在國內文化人裡面，我算是80年代新一代的代表人物之一，受過系統完整的教育，大的知識性缺陷基本沒有，比如說外語。我比較幸運，一直過五關斬六將，總的來說是沒有耽擱時間，還是學有餘力的。從工作角度來講更是如此，我對於任何一個工作，不管是臨時的還是長期，都比較好強、自尊，我要做的比別人好，我的標準是別人要做，做不了我這麼好，當然別人可能做的與我一樣好，但我不能讓別人說你這個人什麼事不行，不到位。在我所任職過的單位應該說大家的評價還是不錯的，在業績、能力方面，我認為自己還是比較敬業、比較負責、比較認真。

范 **您認爲作爲一個茶人應該具備什麼條件？請您給「茶人」下一個定義。**

曹 就是要了解茶的精神，茶人要懂茶，要知道茶的精神內涵。愛茶、好茶、懂茶、知茶是茶人應具備的條件，否則就不是茶人。如果僅僅把茶當成一種普通的飲料，那就不

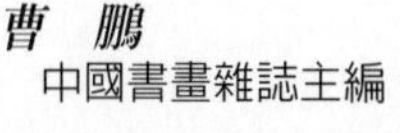

是茶人，必須對茶有一個角色認同、價值認同。就像劉伶那樣的酒徒背著酒到處走，死了也無所謂，挖一個坑埋了就完了，這也是對酒的高度忠誠，茶酒都是各有高人呀。

**范** **您平時如何享受茶藝生活？**

**曹** 實際上這也分作日常享受和特殊享受兩種情況。日常享受指的是日常生活、工作品茶、喝茶。有一句老話說得好：「國不可一日無君，君不可一日無茶」，要沒有茶就覺得少一點什麼。特殊享受就是指一些特殊的機緣，比較認真地品茶，比如說去年我到武夷山的茶葉研究所喝大紅袍，山清水秀，品茗暢談，這就是特殊的機緣。好在這種機緣我經常有，比如西湖品龍井茶，用虎跑泉的泉水沖泡的龍井。在北京也常有一些特殊的機會，昨天還由於採訪事宜，國畫家許麟廬老先生公子許化遲，邀我在和平藝苑喝很有名的「鳳凰丹欉」，這是一種廣東茶，茶的味道非常好，環境也好，那是北京最有名的、最高檔的茶樓之一。

**范** **您對人生的看法如何？**

**曹** 概括地講，中國人的人生應該是以傳統精神為基礎框架，比較貼近自然，講究禮儀、文明，重視文化，還是中國人的人生。林語堂寫過《生活的藝術》、《吾國吾民》，寫中國人與英國人的人生有什麼不同，就在於中國人的人生裡面既有出世的一面又有入世的一面，能入能出。以儒家、法家的理論為指導，忠君報國，要修身、齊家、治國、平天下，這是中國人入世的一面。法家也是如此，只不過多了一些權術和更嚴酷的政治。儒家講究恩德，這是孔孟所傳下來的思想，孔子是一個教師，教師有一個特點：與人為善，要感化教育人，當孔孟之道成了一個學說、思想甚至宗教的時候，它是以教化、感育為宗旨、為特點。法家更講究管理、制衡、利用。

出世的一面是以老莊一派為代表，包括佛教的一些精神。出世就是要接近自然，無為，在山水之間，在清心寡慾之中完成人生。我覺得這兩者的結合是最佳的人生態度和生活方式。我的人生看法用一句話來概括，就是「拿得起，放得下」。拿得起指的是入世可以做入世的事業，不管是經營管理還是研究、教書育人、著書，都積極參與，促進經濟、社會、文化事業發展。另一面也應該能夠放得下，就是所謂的老莊哲學，我可以當一位隱士，儘管是局部的、階段性的，比如在週末我可以任何工作都不作，認真地享受一下閒暇，思考一些所謂的玄而又玄的問題，或者到山清水秀的地方走一走，純粹地是為了一種超脫，清淨無為。這種入世、出世的交替，其實是可以做到的，也就是滾滾紅塵中，我可以成為非常勝任，愉快的強者；另一方面，在空寂無人的深山老林裡，也能夠自得其樂找到那種感覺，這是對中國傳統文化深入了解之後才能達到的境界。諸子百家我沒有讀到一百家但二十家是有的，並且都是通讀過的。如果沒有讀過這

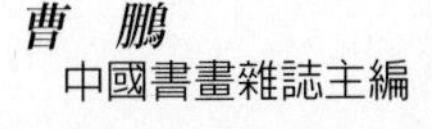

些你就不知道如何入世，如何出世。如果不了解中國的文化傳統，不了解中國政治史、思想史、哲學史中入世的代表人物的論著，從何而入呢？顯然是不得其門而入。現在很多人講「半部《論語》治天下」，但有幾個把《論語》認真讀過的？我寫過一本研究《論語》的書，《論語》不敢說全部背下來，但一半背下來應該問題不大。《論語》的各個版本我至少有五十種，其他的如老莊的著述版本也有很多種。如果對這些著述沒有系統梳理，只是「耳食之學」，聽來的學問，那肯定不行。我對傳統國學的功夫下的還是比較多的，國學根基還是有的。我曾經講過在中國有四書五經，五經不說，四書是必須要讀的，四書如果不讀，對於中國傳統文化主流的入世的學問就談不上。孔夫子講「每日三省吾身」，一省「為人謀而不忠乎」，講的是替別人做事要忠；二省「與朋友交而不信乎」，就是與朋友交是不是不講信用了？這樣忠信都有了；三省「傳不習乎」，指的是老師教授的是不是複習、學習了？這也是儒家的理論體系。這「三省吾身」是很重要的，如果能做到每日三省吾身，中國人在現在生活中的很多方面就理順了。而現在由於中國受西方文化影響，西方人生活在天主教、基督教文化中，他們的人生是由宗教規定的。中國人過去在孔孟、老莊思想體系下也很從容，孔孟、老莊也起到了宗教的作用，它解決了西方人用宗教解決的問題。但是文革後這種傳統的血脈被割斷了，外來的，已經抽掉西方宗教的西方文化很可怕，只剩下酒吧、汽車和美女了。把西方文化的糟粕拿過來了，而事實上，西方文化有教堂的一面並沒有見到。西方文化有它精神上的一面而不是單純物質的。西方文化對外的輻射更多的是從物質角度、消費角度，而文化宗教這一塊被抽掉了。我們中國人應該找回自己的生活方式、精神或者說傳統。我們這個時代存在一個嚴峻的問題就是面對西方文化、生活方式的衝擊、找到我們自己的民族精神，同時把它傳承起來，發揚光大。我自己希望能夠盡一點棉薄之力，有所貢獻，希望讓中國人回到正軌。我不排斥經濟、科技。事實上，在經濟，科技上我還是受益者，但除了經濟、科技外，我們中國人還應該有自己的精神生活。茶能夠讓中國人更加中國。

# 高振宇

## 紫砂壺大師的第三代
## ——談中日兩國陶瓷藝術的語言

高振宇先生，江蘇省宜興人，漢族，日本武藏野藝術大學畢業，碩士。高振宇先生是在紫砂大師的環境中長大的，父親高海庚先生是顧景舟大師的得意門生，母親周桂珍女士也是顧老的學生，而高振宇本人除了在父母的薰陶下也受教於顧老的門下，他的陶瓷藝術發展條件可以說是得天獨厚的，有豐厚的紫砂工藝根基，又有日本武藏野藝術大學深造學習的經歷，取得碩士學位，在傳統工藝的薰陶下，再加上現代學院的教育，高振宇可以說是紫砂陶瓷藝術界學經歷較完整的藝術工作者。

2004年2月22日下午前往位於北京市郊的高宅採訪，以下是採訪內容：

*　*　*　*　*

范 **我想請您談談爲什麼您會走到陶藝、壺這一行？**

高 做壺好像是命中注定，因為我的父母都從事這個行業，而我又在這個家庭裡出生，從小就耳濡目染，自己也覺得做這個事很有意思。所以，82年開始和顧老學習，當時跟我太太、顧老先生三個人就在一個房間做紫砂工藝。也正因為這樣，我在這些做紫砂壺的第二代、第三代人中間，受到學習的機會比其他人更多一點：首先是跟顧老先生的學習、家庭的薰陶，後來又有機會到大學——南京藝術學院進修。當時是85年，大陸剛改革開放不久，大學的圖書館裡面有很多國外的資料，國內也逐漸興起陶藝熱，設有陶藝科，我身為一個做傳統陶藝出來的學生，很是驚訝！發現竟然有這麼多不同的東西，它的材質可以有這麼多表現的內容、方式、手法，連形式都不一樣，非常豐富，我當然非常有興趣地追求，一下子就開拓了視野！那個時候，尤其是日本的陶藝對我的吸引力是很大的，因為我想到，同樣是東方的國家，有很多陶藝的技巧都是跟中國學的，相反地，他們在這方面卻走得非常進步，對這一點我很好奇，很想用自己的眼睛去確認一下，到底他們現在的陶藝水平是怎麼樣？我的機運非常地好，正巧有個機會讓我到了日本去見識，而且還得到日本很有名的陶藝家，辻清明先生的指點，他是日本很有名的陶藝家，我在他家裡住了好幾個月，也做柴燒，幫他採泥、鍊泥，還幫他蓋茶室，從中學習了很多東西。我原本以為日本的現代陶藝應該是非常瀟灑、非常灑脫的一種藝術活動。結果參與其中了以後，得到的結論與我當初的想法竟不太一樣，我感覺到，他那種做陶時特別嚴謹的態度，正和顧老先生完全一樣，只不過一個是中國傑出的陶藝家，一個是日本傑出的陶藝家。比如說，辻清明先生在柴燒的時候，會選用信樂土來燒茶碗，那是一種非常有男人風格的東西。他也喜歡用松柴燒成的自然釉。松柴在進入窯之前，通常會用板刷將松柴刷乾淨，把泥土去掉，然後在窯的下風口處刮掉外皮，目的是為了不讓雜質吹到窯的裡面去。當時我很納悶，我說，燒陶瓷時，窯裡肯定會有灰土。而且依照宜興的做法，根本就是直接將大松樹塞進窯內，陶瓷上的落灰

其實就是一種自然，質樸的表現。但他的回答是，灰土進去和松柴所燒出來的東西在性質上會不一樣，會影響到作品自然釉的顏色。結果，真的！在他後來燒出來的作品當中，我看到這種很美很美的效果，完全是很純粹的松柴燒出來的東西。還有其他很多例子，實在不勝枚舉，也無法一一詳述他們這種始終如一的嚴謹態度。回憶我當初82年跟隨顧老學習的情形，歷歷在目。當時顧老先生教我先從掃地開始，然後打泥片，接著製作工具，學習怎樣處理竹、木、鐵等等工具，並講求工具的重要性。顧老先生還以手中的一把德製銼刀為例，他說那是他20幾歲在上海灘學藝的時候，因為做古董之需要，在某家店裡所購買的，而且一直用到現在。他還說，我的年紀甚至沒有超過這把銼刀呢！看到他將那把德製銼刀放在桌子上並用手指輕捏，自己彷彿完全可以感覺出它的細與圓。顧老認為，用這把銼刀做出來的東西和其他銼刀做出來的感覺就是不一樣，即使是大陸的，也難以比擬。這種嚴謹的態度正和日本精神一樣，令人激賞。我在日本看到了很多很隨意的作品，其實都是以很嚴謹的態度、很多辛勤的勞動，精心策劃所完成的。這一點確實讓我深感佩服。後來我進入東京武藏野美術大學讀碩士，也遇到一位非常好的老師，叫加藤達美。達美先生是日本陶藝泰斗的長子，他當我導師的時候已經65歲了，他的父親也是東京藝術大學陶瓷系的創始人。我是達美先生第一位中國人研究生，他對我非常照顧，不僅讓我接觸到更多的陶藝——日本陶藝上真正的東西，同時也領悟到很多他自己的人生體驗。例如，以人為本的思想，陶瓷為人服務的理念。他經常提醒我說：「高君，您不要忘記，原始時代當人類開始有陶器時代，剛剛開始有陶土燒成器物的時候，那種感動不比現在的電腦給人帶來的感動來得差。以陶器皿貯存穀物不給老鼠咬掉，然後可以存水，不一定要用手、用竹葉去喝水。」他說：「那時候的感動不比現在電腦、電子產品的感動差，不要忘記陶瓷這個材質的器物對人類生活的影響……」這番話，令我印象深刻，也與我過去跟顧老那裡學習的並無二致，尤其是紫砂製作，它在這方面是最優越的，因為它與茶之間的相結合。所以，我回到國內繼續和顧老學習了一段時日以後，就把我這方面的想法告訴了顧老，他也很樂意地傾囊相授有關一些比較經典方面的作品，讓我在藝術層次上得到了很多的超越。

當我回到國內，心中有許多想法，首先，就是陶藝跟生活當中的器皿有著什麼差距？最後得出的結論就是：一個是Art（藝術）；一個是工藝（Crafts）；一個是design，一個是product方面的東西，這方面是相互關聯的。通常抽象的陳列藝術品，除了欣賞之外，並不具實用性，這些都可歸為陶藝，如果有實用的話，就屬於一般器皿，而不是陶藝，包括一般大學裡的老師都這麼講，我在做陶藝的時候也做一些器皿。在日本則沒有這些問題的困擾，因為陶藝涵蓋了這些東西在裡面，我現在所選擇的，所走的路就是這一條，也就是說陶藝服務於生活，尤其是陶藝對於茶，對於生活當中所承擔的器皿方面的作用。同時，我也感覺到現在中國的陶瓷產地有很多情況不盡如人意，譬如說模仿古典的東西，簽上乾隆年製……等之類的，或者說弄得不好還可以賣得大價錢的想法；甚至有些學院派的，對於生活方面的東西不屑一顧，盡做一些層次性的、觀賞性強的作品，很少有人把器皿以陶藝來做為一個事情去發展，我回國以後就是做這個課題，這是我關注的東西、有興趣的東西。對於紫砂和陶藝，我認為是同一件事情。

**范** **剛才您提到感動，我現在聽了您的話之後，也很感動，爲什麼呢？因爲過去我所接觸到的紫砂壺、陶藝品，感覺就是工藝的部分，好像做這一類工作的人是因爲書唸得不好，考不上學校才到工廠去學一點手藝做成的。現在聽您說到陶藝的道理後，這也是我20年來追求這個茶藝的感受，過去搞茶藝，一般人好像不把它當成一件事，認爲茶藝只不過是雕蟲小技，我現在一直想把茶藝提升到一個學科，而有了《茶藝學》，您講了這些讓我很感動！我想請教您，宜興跟日本的陶藝，在製作和燒窯方面有什麼異同？就技術層面來講。**

高 在技術層面來講，兩個國家有很多很多的不同，不同的地方太多了！技術是為了達到精神上的、思想上的某種目的與境界而服務的東西，如果技術獨自發展成技術本身的話，那這個東西就缺乏生命力了！紫砂壺的存在與否，其實最後就有一個非常大的文化土壤，那就是茶文化跟中華文化這塊肥沃土壤在依撐著，如果盜取這部分的話，紫砂文化，所謂紫砂的技藝也不會存在的。如果比較中日兩國的技法上，或者形式上差別的話，日本很崇尚泥土本身的語言；同樣的，我們國家也講泥土的語言、材質的語言。但日本這邊更顯得重要。打個比方，日本人很喜歡吃生魚片，尤其是不加任何佐料的魚肉原味；而中國人卻特別喜歡吃經過精心調味烹煮過的魚類，這兩種不同的出發點，結果都是一個道理——為了達到一個美，一種境界。

日本很尊重泥土的語言，把泥土本質的東西經過自己的加工，仍能保有它的原味，花了很多的苦心都是用在人們看不見的地方，然後才達到這種境界。中國的陶瓷，譬如紫砂也是一樣的道理，它用一道道非常複雜的工序來製作，做到最後完全不留下任何人工的痕跡，而達到了完美，這也是一種境界。但是，有時候也會走到一種比較偏的狀態，兩方面都有可能會出現。

日本在做陶瓷器皿的時候，很重視用轆轆拉坯的方法具體來做。轆轆拉坯跟柴窯燒同樣是非常受到重視的工藝手法。轆轆拉坯這種手工拉坏的東西，他們認為是有生命感的東西，因為一團泥在轆轆的中央轆轆轉動以後，在手的作用之下，它好像是一棵植物，從一團泥中慢慢的生長出來，然後開花，然後再結果，然後成為一個器物，它是一個非常有機生命的過程。相比之下，那種注漿、灌漿的，或者壓坯的

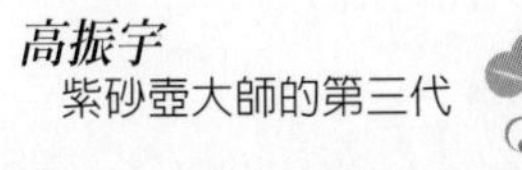

就沒有這種生命感，他們很尊重這種東西。還有，柴窯這種東西，就像范老師您剛才說的，更加質樸，更加自然，更加貼近我們本質、本性的東西。

至於我們中國的一些陶瓷，它更是比較理想、更加完美的東西了。像紫砂壺，它是將一團泥，通過拍打，在一種完美狀態下完成的東西，其實它也是很有機的，我一直強調紫砂壺這個工藝，它不是一種獨立存在的東西，這幾百年的紫砂工藝是有它一定的道理的，它為什麼這樣做而不那樣做？為什麼紫砂要用拍打的方法而不用拉坯的方法？或者不用其他的方法來取代？我認為這個工藝跟「茶」字是密切相關的，而且這幾百年的歷史總是圍繞著這個茶字來做文章的。因為拍打本身對泥的結構產生變化，進而影響泥分子的排列問題，然後經過一道道的工序加工以後，才產生了紫砂壺表面的一層，也就是我們現在俗稱的包漿，或者在陶瓷上所稱的「膜」，而內部卻還是粗糙的，它適合泡茶，適合發茶。

在追求的意境上，我認為：日本是從人性的角度出發，就是說人性首先是不完美的，所以會更注重追求所謂殘缺的美。我在日本的時候也曾為這個事情和老師討論過，我們中國所追求的是一種完美，在追求完美的過程當中有些達不到的，或者是能力難為的地方，這種陳跡留下來的話，也可以原諒，畢竟這是無可奈何的東西，這裡面恰恰體現了一種追求完美過程當中的一種殘缺，中國的目的就是這樣所產生的結果，其實在這方面我覺得還是殊途同歸，即使是達到一部分的境界，感覺還是一樣的。可以比較的東西太多了，我只是舉一、兩個例子來說明。

**范** **日本的茶具在應用上，他們和茶的結合叫「茶道」；我們中國的陶瓷茶具，就是壺和茶的結合叫「茶藝」，在感覺上，茶藝比較生活化；茶道比較屬於精神方面，比如說，他們的茶碗，所強調的比較是不規則的，中國的茶具好像比較規則，您的看法怎麼樣？**

高 是的，就像我剛才所談到的，日本方面的美學觀點是首先承認人性是有缺憾的，人性是有缺點的，在器物陶藝製作當中就沒有必要去強求完美，這種殘缺的東西甚至可以反過來表現這種人性的美；那麼我們中國的東西，我認為在追求完美，盡量追求完美，在追求完美的過程當中，難免會有些人力難為的缺憾或者是缺點，這些東西正足以顯示中國人的人性，很多日本人說：您做的陶瓷器皿不夠真實，並不能體現人性；但是，我覺得，我們也有我們中國人的真實，不能跟日本人一概而論。那麼中國人的真實在什麼地方呢？我們為了實現我們自己的理想，不斷的去追求真理，追求完美；但是，追求完美的過程當中，我們允許，我們也可以容忍這種不完美，這種暴露出來的人性，可能更加真實。

**范** **日本人的茶碗喜歡以柴燒的方式完成，在釉方面那種落灰的自然釉很受推崇，爲什麼？**

高 中國大陸的窯燒東西，很多都是用峽坡來燒，像紫砂也是如此。日本早年的時候也是追求中國陶瓷的效果，直

到明治時代以前還是非常崇拜中國的東西，用峽坡來燒非常中國味道的東西。日本有一個陶藝家，他是非常追求日本陶瓷，甚至已到忘我境界的一個人，也就是從那個時候開始有一種日本陶瓷的藝術，一種追求的方向。那麼，像宜興這樣，在漢代的時候、戰國的時候，有很多非常自然的東西，它上面也有很多落灰，像備前的一位陶藝家到我這裡來，看到戰國時期的陶器，備感親切，和他們平常所強調的效果很接近。同時，備前有好幾位陶藝家，還專程到宜興去看過，都認為很像備前的狀況。實際上，我們現在回過頭來想，就覺得當時封建時代，工業文明、機械文明不是特別發達的時候，無論人們追求的是一個什麼樣的工藝狀態，肯定不是粗糙歪斜的東西，因為只有當我們擁有很多很多工業的製品，認為規矩已經不再是問題的時候，才會去追求那種反過來的東西。那麼，可以想見紫砂當時的狀態，一件手工工藝竟然能做到一種完美極致的狀態，簡直是件非常不容易的事，所以我們猜想，紫砂盡量不能有落灰、乾淨、工藝上力求完美，很可能也是那個時代的一種概念。

**范** **您對中國陶藝未來的發展有什麼看法？**

**高** 我認為中國陶藝美好的時代還在後頭，中國的文藝復興很快的就會來到。我們在各大博物館看到很多中國古代的一些陶瓷，非常崇拜，覺得那是很美的藝術品。但是，實際上這些都是當時那個年代的一些生活上的器具，一些貴族、一些文化人的生活器具。我現在想要呼籲的是，中國大陸的一些陶藝家，應該學習文化人的精神，為我們這個時代去做一些非常美好的紀錄，一個是屬於這個時代的，一個是屬於中華文化裡面的東西，這裡面最具代表性的就是茶陶方面的東西。

范 **您個人在這個藝術生涯當中有什麼規劃？**

高 我覺得想做的事情太多，我只能講我現在一直在做，可能今後也仍然致力於與生活結合的陶藝，我不會放棄茶陶這方面的東西，也不想把自己固定得非常狹窄——就只是做紫砂壺。因為我認為很多工藝基本是相通的，如果抱持有一種健全的態度去做的話，應該可以發現到其他材質的東西，也可以做出同樣好的東西。

范 **您目前的作品當中較多的，比較重要的是哪一方面的東西？是壺，杯，陶，或者瓷的東西？**

高 我想兩方面對我都是很重要吧！在陶器的創作上，陶藝的創作上，我好像思想更自由一點！但在紫砂的創作上，心要很靜，所以說如果想要自我修練時，就可做紫砂壺。基本上，我現在的創作，陶藝品數量佔的比較多一點，紫砂對我來說，我強調的是有感而作。

范 **瓷和陶您是同時在進行？**



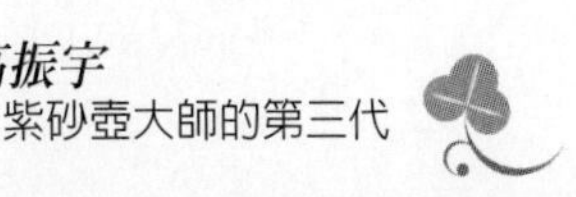

高 是，同時在進行。

**范 那麼！這樣有沒有相衝突或矛盾的地方？**

高 有，肯定會有。主要是在工藝上面，比如說我做了紫砂，又要做瓷器，但工作卻不在同一邊，我這個院子裡面，西面的廂房是做瓷器的工作室，還放了窯爐；東面那個地方是做其他的。至於紫砂，在工藝上又與其他轆轆拉坏的陶瓷東西不同了。其實，相同的地方也是很多，那就是做好東西都是需要同樣的態度去做。

**范 做瓷跟做陶，在感覺上有沒有不一樣的地方？**

高 怎麼講呢！假如我是一個京劇演員的話，做紫砂就好像在演那些比較好的段子，卻也是以前很多名角所演過的段子。同樣的道理，做紫砂時，我會用自己的理解，去重複地做一些東西，也就是說，這裡面創新的空間和意味就比較少了，因為我始終認為，它這個東西太東方了！就因為如此，我便希望能接近古人，更要以古人的心情去做，所以做紫砂的時候不會太隨便；但是，在轆轆拉坏的時候，我會覺得很歡唱，好像在哼小曲，那個時候好像更自我一點。

**范 一般說，陶過去是比較民間，瓷好像更貴族一點，它們的歷史背影不太一樣。瓷，西方都能接受；陶，好像比較少被西方接受，您認爲陶將來在西方世界的發展如何？**

**高** 西方人實際上是在16世紀中葉的時候，才開始接觸紫砂壺，但是，他們始終沒有弄明白，這個黑呼呼的東西裡面倒出來的液體跟白色的裡面倒出來的有什麼不一樣，所以就選擇了後者，選擇了瓷器，即使到現在，這個問題依然存在著，儘管如此，我們也不可妄自菲薄，如果他們弄清楚了我們所珍惜的東方文化，我想今後慢慢的，西方早晚會接受東方的陶器。現在有些國家已經有人在接受這種東西了，前陣子就有位德國畫家，是法蘭克福的宮廷藝術家，住在我家裡，他學的是抽象藝術，在造形上完全和我們相反，但是，他看到我的紫砂壺卻大力讚賞，還想買一把下來，因為他很喜歡紫砂壺。由此可知，真正文化高的人，都能跨越東西方的藩籬，並接受對方的東西。

**范** **談點輕鬆的，您平常除了創作之外，還有沒有其他的愛好？**

**高** 有，我現在對茶感興趣嘛！平常對茶的事情接觸得多一點！休息的時間，我帶著母親和家人到茶的產地旅遊、爬爬山，看各個地方的茶，喝喝各地方的茶，看看那個地方的山，那個地方的水，再泡泡那個地方的茶，果然是不一樣，那樣一來，我又喜歡上那個地方的茶。

**范** **您過去受到上一代父母親的影響，走上陶瓷藝術這條路，您對下一代的期望如何？**

**高** 我倒是覺得讓他自己自由選擇較好，大陸這一輩人都是獨生子女，他們自己的理想不是我們能左右得了！如果有興趣來做，我們很高興來把這件事來教給他做。

范 **您的小孩是男的，女的？**

高 是女的。

范 **請您談談您的人生觀。**

高 我現在非常知足，我是個非常好命的人，當我有困難時，總會有些好朋友、貴人來助我；我需要什麼東西時，它們就會來到我的身邊，到現在還一直是這樣，所以我一切都覺得很美好。尤其當我待在自己的陶工作室時，更是滿足與喜悅，我會一直做下去的。

范 **您的人生追求，有沒有一定要達到什麼標準？**

高 我的人生和事業是融合在一塊的一種境界，陶瓷這個事業我會一直做下去。

范 **謝謝您接受採訪！**

# 陳綺綺

## 女副市長、醫師、教授
## ——談醫學觀點喝茶

陳綺綺女士，福建人，漢族，是醫師、教授，曾任廣州市副市長、政協副主席，出版過散文集、主持過飲食文化的刊物，喜歡喝茶結交茶友，開朗、樂觀，是個很好相處的茶人。

認識陳教授已經有四五年了，每年總會收到她寄來的賀年片和偶爾的問候！她對飲食文化參與很廣，常常在茶館裡會見朋友，是很愛茶、愛朋友、愛生活的政府領導人、醫師、教授。

2004年3月27日在廣州市政協國際俱樂部採訪陳綺綺教授。

＊　＊　＊　＊　＊

范　**請問陳教授，您是學食品的，也是一位醫生，平常的喝茶習慣怎麼樣？**

陳　我喝茶的習慣大都是在飯後喝。早上喝咖啡，午飯後、晚飯後都是喝茶，這樣可以幫助消化。

范　**您是食品保健專家，又在廣州中醫學院授課，請您就健康的立場來說，喝茶應該注意那些問題？**

陳　我認為喝茶盡量在飯後喝，廣州很多人在早上飯前就喝茶，一面喝茶一面等人，我認為還是飯後喝茶比較好。一個做醫生出身的，就藥來說，藥和茶是一樣，茶也可以說是藥，所謂「藥食同源」。最近有人說，喝茶不如喫茶，有的茶把它放在食品、點心裡面，這個我不太贊同。我比較贊同藥膳的調理，藥膳裡面，茶佔了很重要的部分，很多養生方面，茶是不可或缺的。我因為待在西方的時間比較長一點，所以喝咖啡的習慣還是多些，我喜歡喝熱的，但會加些牛奶，我想，咖啡只是品它的顏色和味道吧！不像外國喝的黑咖啡，沒糖沒牛奶的，那我會受不了的。香港有所謂「鴛鴦茶」，就是茶加咖啡，我覺得分開喝的好。咖啡最好不要喝太多，還是以牛奶為主，牛奶可是鈣的主要來源。

**范** **您在喝茶的那麼多年當中，有沒有一些有趣的事。**

**陳** 說到有趣沒趣的事，我覺得飲食文化當中，茶、酒、咖啡、可可這些都很重要。但還是茶比較適宜人，不過也不能說茶文化一定比酒文化來得好，這樣說也是不公平的，其實人是離不開酒的，酒也有酒的好處，像我們女人做月子的時候，就要吃所謂的雞酒，將米酒放在雞裡一起煮來吃這是和養身有關的。所以，我覺得茶文化和酒文化兩者是不能相比較的。我出生在福建，福建有位茶業專家，叫張天福先生，90多歲了還是很健康，我們每年都會聚會，大家聊得很愉快！以茶會友嘛！這倒是很有趣的事。

**范** **談到茶文化，陳教授您對目前國內的茶文化發展有什麼看法？**

**陳** 我不是茶文化的專家，但是做為一個關心飲食文化的國民來說，我認為國內茶葉外銷的狀況不是很理想，對於茶葉的農藥殘留問題要更加重視，對茶文化的研究也應該再深入些，像英國人對於茶葉的研究行銷比我們中國還有成

就，他們的立頓紅茶暢銷全世界，其實那不是他們的茶葉，他們只是賣一個牌子而已。

茶文化是我們的驕傲，有幾千年的歷史，但是我們的茶文化卻給外國人服務了！我們要爭點氣，要建立我們自己的品牌打進國際市場去。

**范** **陳教授對於目前廣州的茶藝館有什麼看法？**

**陳** 廣州目前茶藝館也很多了！有些人還笑著說：開茶館的人比喝茶的人還多。這雖然有點誇張，但是，有些人是為推廣茶文化而開茶館，有些人是因為生活而開茶藝館，為了賺錢而開茶藝館。也有人是同時為了生活、為了推廣茶文化而開茶藝館，這是理所當然的。不管怎麼樣，茶藝館的設立對推廣茶文化都有貢獻，總比那些速食店、麥當勞好吧！

**范** **近來聽說政府方面對於茶藝館的牌照管制得很嚴，因為聽說有少部分的茶藝館牽涉到色情方面，因此增加了部分想開茶藝館的人的很多困擾，陳教授對這個問題有什麼看法？如何來引導和幫助茶藝館走向正面的發展？**

**陳** 很慚愧！我對這個問題不是很清楚，這是政府方面的事。對於牌子的事，最近這一兩年，不光是茶館，像沐足、美容、理髮、桑拿這些方面都逐步在檢查，確實也出了點問題，當然，如果因為出了點問題就一概而論、一刀切也是不對的。事情的確變得有點複雜，需要做的工作也很多，但是我們執法隊伍的素質都在提高，政府也不斷的理順他們，引導他們做得更好！

**范** **陳教授在政府部門工作過，擔任過副市長，也是政協副主席，您看我們國家在改革開放方面，在國家走向現代化的階段，我們大家還有什麼可以一起努力的地方？**

**陳** 做為一個教育者，我認為人的素質還是很重要。不管是開茶館的人、執法的人，都要提高本身的素質，這樣的話，做工作就會比較好一點，您光是提高執法人員的素質，一般國民的素質不提高，這也是不太好。所以做為政府的國民，既是納稅人，也是收稅人，當然都要把素質提高。

**范** **我們現代常常講「茶人」，這是一個專有名詞，就像我們講詩人、軍人！以您陳教授的看法，能夠稱爲茶人應該具備什麼條件？**

**陳** 這個怎麼說呢？詩人、畫家都有一個定義。但茶人的這個定義卻不一定要由國家或政府來訂，而應該要有一把尺子。我三句不離本行，我是做醫師的，是很嚴格的，要讀書，才能拿到醫師的牌子。這幾年因為社會的發展，很多新行業出來了！比如插花，原來很多的太太、很多知識份子都喜歡插花，但如今插花也有了很多條條框框，有初級、中級、高級，還設了一個課程、一個考核。沐足也很時髦，但也應該有個牌子、有個課程才好，您起碼要學學經絡，懂得中醫的基本理論，這樣才能夠從事這個行業。我們勞動局就有這個合格證，中級和高級；過去是理髮，現在又多了一個美容，逐步逐步都有一個規格。我覺得茶人嘛！也應該有一

個尺子，現在茶藝師已經有了證照，我知道許多寺廟的和尚、尼姑，也都去學了茶藝，這不是宗教的問題，而是從文化的角度來著眼，不只是提高他們的素質，也應該要知道茶與禪，和其他方面的相關問題，如健康等等，所以宗教方面的人士也在學茶藝。

范 **請陳教授談談自己的成長過程，以及人生的看法。**

陳 哈！哈！不好意思！我談不上是一個茶人，不過我很喜歡喝茶，以茶為友，我的愛好也比較多，所以跟茶的朋友交往的比較多，都是我的老師，范先生也是我的老師，大家坐在一起，至少都非常愉快！如果講話談吐、有道骨仙風的感覺就更好了。他不一定是茶人，但是以茶會友，大家在這方面互相交流、互相切磋、互相關心，不一定要在茶的問題上談，畢竟都是茶友。

人生觀就是哲學呀！做為一個普通的老百姓來說，各人有各人的理想，有各人最起碼做人的標準，在國家教育下，我們每一個人應該將自己所學貢獻給國家，回歸自然。

范 **陳教授平常的休閒生活如何安排？**

陳 我覺得自己很幸福，我的人生不算太曲折，我非常感謝國家和自己的父母，我讀書、工作、學習、家庭、社會都向好的方面。當然，人不是樣樣都很如意，因為人比人會氣死人，不能每一個人都是總統的兒子，像我能夠讀到大學畢業、留學、做市長，已經很滿足了，所以應該感謝國家的培養、父母的培養，也應該把自己所學的東西無私的貢獻給社會。

我的工作已經退休，過去因為比較忙，現在剩下的時間，就是把過去沒有做到的、做錯的，慢慢的補過來，忘記的朋友找一找，做錯的校正過來，過去沒有功夫學的東西再學學，好像還不夠用，我的朋友也比較多，愛好也比較多，時間已經很少了！我要享受一下。

范 **謝謝陳教授**。

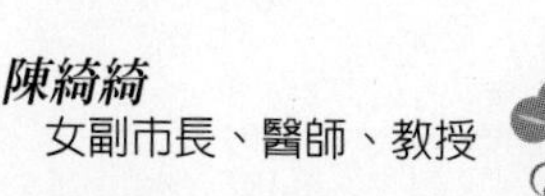

# 韋慶立

## 中國茶文化研究會理事長
## ——談中國茶宮的創辦經過

韋慶立先生，廣西壯族人，1959年生，血型AB型，深圳大學行政管理系畢業。

韋董事長熱愛茶文化，推動和弘揚茶文化，建立茶文化事業，茶文化給他帶來財富，是一位搞茶文化事業有成的茶人。

認識韋慶立先生前後將近10年的時間，我應邀前往深圳，韋兄告訴我他的理想為弘揚茶文化，並已付諸行動，成立了深圳中國茶文化研究會，正在籌建弘揚茶文化的平台，為了取名問題和我討論過，最後訂名為「中國茶宮」，當時已批了土地還未開工。10年之後的今天，韋先生的理想一一實現，他這種毅力，十年如一日的精神，的確令人讚嘆！

2003年的初秋，我接到韋兄的喜訊，他的「中國茶宮」完成了！邀請我到深圳去看看。10年來我們雖不常見面，但彼此都從未忘記，深刻在心上。因一時安排不出時間，我即先寄贈一套茶文化叢書以表祝賀！2004年3月6日在香港，韋兄和夫人、公子一起從深圳到香港麗東酒店來見面，深談兩個小時，非常愉快，韋兄送我深圳中國茶文化研究會出版的《茶道》雜誌，經過這次的見面和相談，讓我對深圳茶文化的現況和發展有了更深入的了解，增加我前往深圳參訪的決心。

2004年7月15日上午，我約韋兄在下榻的寶華酒店做了採訪。

*　*　*　*　*

**范** **請您談談當年爲什麼會喜歡茶？**

**韋** 我在機關服務的時候，我是搞接待的，接觸很多文化藝術界的人，這些文化藝術界的人都喜歡喝茶，我跟他們在一起的時候也喝茶，從那個時候開始愛上了茶。不但愛上茶，茶壺也非常喜歡，現在不管到什麼地方，國內也好，國外也好，我看到好的、喜歡的，我就買回來。

**范** **您會這樣喜歡茶壺、愛茶，爲什麼會這樣喜歡，它哪裡吸引您？**

**韋** 我看了一些茶文化的書以後，給我很大的啟發，最吸引我的是92年我到了北京的老舍茶館，當時認識了北京社科院的王玲教授，她的女婿是我深圳大學的老師，叫王衛平，是我在深圳大學念書時的班主任，他推薦了我認識王玲教授，王玲教授認為在深圳有必要成立茶文化研究會，因為中國茶文化博大精深。王玲又推薦了幾位老鄉親及中國長城研究會的會長王定國等幾位老前輩，他們都鼓勵我成立深圳中國茶文化研究會。

我回到深圳以後就組織了一批書畫家和茶文化的學者，到廣西、湖南、雲南、貴州、浙江、海南等茶鄉去考察，通過將近一個月的考察，考察完以後，就成立了籌備組，向深圳文化局，深圳市政府社團管理處報批，他們很快就批下來了。從這個時候開始，我就和茶結了不解之緣了！而且是欲罷不能！

**范** **您的事業從1992年深圳中國茶文化研究會成立以後，就以茶爲主發展起來？**

**韋** 是的。我成立茶文化研究會以後，又從機關退下來，感覺到光搞文化沒有一個基礎是不行，現在國內很多人在喊，都在叫弘揚中國文化，您用什麼東西來弘揚？您用什麼東西來發展？後來，我想，您光叫光喊，弘揚中國茶文化，您沒有茶文化的基地，肯定不行，沒有經費也是不行。接下來，我就想首先要發展茶文化的基地，所以那個時候我就給市政府寫報告，我要成立「中國茶宮」，當時也得到市政府主要領導的支持，馬上就批示我們籌建中國茶宮，那個時候是1993年，深圳市政府計畫局把我們列為重點項目，當時有三個重點項目，一個是由是政府投資的「關山月美術館」，還有一個是企業投資的「何香宜美術館」，另外一個就是我們民間組織的「中國茶宮」，就是這樣，中國茶宮運作起來了。市政府主要是給我們政策方面的扶持，比方說給我們劃地。政府為了扶持我們文化事業，特別是茶文化是中國的民族文化，又是高雅的文化，市政府為了讓人民欣賞到高雅文化，特別給我們扶持批地。批地完了之後要開發呀！因為我們搞文化的不能賣房，深圳市政府又給我們成立「中國茶宮房地產開發有限公司」，以房地產開發為主來養我們中國茶宮。當時我們房地產開發公司剛成立的時候我見了您，那是94年，中國茶宮還沒有建，因為我從機關出來，資金比較困難，都是靠社會的力量，朋友的支持。因為我們是搞文化的，我們「中國茶文化研究會」不是以營利為目的，主要是社會效益為主，這樣文化藝術界的朋友都伸出手來拉我一把，特別是李鐸教授對我支持很大，在我最困難的時候，李教授一下子給我送了40幾幅作品，支持我們茶文化。當時，我資金困難，這個項目也暫時擱下來。首先宣傳的是社會活動，出版《毛澤東軍事生涯》的大型畫冊，協助李鐸展出《孫子兵法》碑拓在北京展覽，我又引進這個展覽到深圳來結合香港回歸活動，一連串的活動下來，引起政府有關部門的高度重視，深圳市的社會反映很好，因為我們為了茶文化在深圳做了一件好事，中國茶宮的建設受到了有關部門的重視和支持。在97年動工啟建，住宅是98年建好交付使用，資金開始鬆動，我們把資金投在茶文化大樓的建設，99年茶文化大樓啟建，2001年交付使用，總共投資了8千多萬，總面積2萬餘平方米，樓高15層。

范 **茶文化大樓自2001年交付使用後，做了哪些活動？**

韋 首先成立「茶文化書畫院」。每年搞二至三次的筆會，級別都很高的，主要由中國軍事博物館的館長帶隊，中國書法家學會的主席、副主席，美術家學會的副主席來參加，以茶文化為主題的活動，這在深圳的影響很大，反映也很好，每次的活動，市裡的領導都出席。因為我們茶文化所做的都是高雅的文化，深圳目前所缺乏的就是民族的高雅文化，深圳是一個移民城市，過去被稱為「文化沙漠」，這幾

年來，政府和民間投資很多在文化上，雖然改觀了一些，但距離文化綠洲還有一段距離。

所以，我們中國茶宮對弘揚中國茶文化負有責任，並且要把它做好，這是我們目前的工作方向。

范 **中國茶宮成立了書畫院，下一個工作是什麼？**

韋 下一步我們是成立深圳市中國茶宮茗茶專業市場，位置在茶文化大樓的三樓、四樓，共計三千多平米。在深圳以茶做為市場，我們是第一家。深圳市還有其他茶莊、茶行之類的，但幾乎都是沒有比較正規的成立市場，只是一個小的茶葉商場。我們是經過工商局批准下來的，比較正規的專業市場，通過中國茶葉流通協會正式命名為「中國精品茗茶市場」。

中國精品茗茶市場招商以後，我們又投資了茶藝館，在茶文化大樓的五、六樓，總共投入了一千多萬裝修，面積三千平米，主要是以古色古香為主，計大小包房32間，散客可容納300人，每間包房都各有特色，有中國當代32個名書畫家的作品，有一幅畫、一幅書法，我們茶宮的畫廊目前有中國有名的書畫家作品600多副。因此，我們茶宮是一些領導比較喜歡來的地方，可能是以表現茶文化為主與社會的關係比較密切吧！

范 **到目前爲止的營業狀況怎麼樣？**

韋 商業市場正在招商，大約在年底前可以招滿。茶藝館目前的營業狀況還比較正常。

**范 從1992年到現在這個過程有些什麼樣的甘苦？請您談談。**

韋 最愉快的事情是我跟茶結了緣，認識了一大批朋友，以茶會友結交了很多朋友。茶給我帶來財富，茶給我帶來了10年的艱苦奮鬥，帶來了億萬家產，這些是茶給我的恩惠。

最艱苦的是創業階段，因為我是白手起家的。從部隊下來，我是領了100塊錢的退伍費，基本上可以說身無分文。退伍之後在機關工作，工資是最低。下海以後創辦企業，我手裡不超過2000塊錢，那個時候是比較艱難的。因為在深圳機會是很多的，也給了我不少啟發。我主要是搞社會活動的，以弘揚茶文化為目的的社會活動，在那個階段是最艱難的；因為要投入文化活動沒有經費是不行的，自己又沒有收入，這個是很頭痛的事情，但我還是堅持下來，哪怕是跟親朋好友借錢，我還是要搞。比方說我幫李鐸教授辦展覽，當時很困難，但是社會效應很好，我心裡就很滿足了，有滿足感。

另外的感想是，我投入茶宮運作的時候，當時我銀行一分錢都沒有，都是靠自己的實力去發展。有些人搞事業是靠合作的，很多朋友剛開始合作都很愉快，但是到了後來卻以翻臉而收場，原先我也搞過合作，最後毛病很多；我的考慮

是，如果我的茶宮是合作的話，到最後合作夥伴不愉快，茶宮肯定是蓋不起來。當時我說，哪怕再堅苦我也要自己努力，今天證明我這個路是走對了。

范 **您接觸了很多茶界的人士，您認爲怎麼樣的人才能稱爲「茶人」？**

韋 我接觸了國內、國外的很多茶界、茶文化的專家、學者，我最崇拜的還是范先生，您才是真正的茶人。我為什麼這麼說呢？我跟中國茶葉流通協會，還有其他一些茶學界的一些人士接觸，我覺得他們還不能稱為「茶人」，只不過學歷高了一些，通過接觸那麼多茶界的人士，茶文化的專家、學者，我認為范先生才是真正的茶人。

范 **爲什麼？**

韋 我覺得茶人是不講任何條件，要推動茶文化，要弘揚茶文化，沒有講什麼條件，什麼理由的，是義不容辭。像那什麼茶葉流通協會，您要搞一個茶文化活動也好，搞一個茶文化研討會也好，他首先要和您談價錢，雖然現在是市場經濟，但我個人認為真正的茶人，他不會把這個放在心裡。這是我的認為，哈！哈！

范 **那請教韋董，您認爲中國的茶文化要怎麼樣來發展？**

韋 我認為中國真正的要把民俗的文化弘揚光大發展下去的話，通過這麼多年對茶文化的了解，是脫離不開政府的支持，光是企業是不夠的，光是民間也是不夠的，我想的很多，要得到政府的支持才能做下去。像范先生您所做的，要先培養茶藝師，把培養茶藝師的工作普及到全國去，通過那麼一個平台，茶藝師的培訓和舉辦一些茶道、茶藝論壇，邀請一些專家、學者搞一些茶文化的活動，引起一些政府有關部門的重視，我覺得離不開政府的支持，政府支持，發展起來就快。

范 **是否請您簡單介紹一下深圳的一些茶文化狀況？**

韋 我先講一下深圳的茶行業，深圳的茶行業，現在是混亂無序，沒有一個統一的管理，沒有一個規範的管理，首先從茶行目前的狀況來講，對茶文化的弘揚，茶文化的發展影響很大。它混亂的情況在什麼地方呢？深圳的茶莊、茶行很多，價錢很混亂，喜歡亂叫價；比如一個內地來的「茶王」，擺在店裡一叫價就是二千塊、三千塊，政府沒有一個指導，一個部門來規範它，造成整個深圳茶業市場的混亂；還有以茶為幌子來進行房地產炒作，我覺得這樣發展下去對茶行業的影響很大。所以想要在這個茶行業的混亂情形下去發展茶文化，的確是有困難，所以才需要政府出面指導、有關部門來規範，這樣我們深圳茶文化才能健康的發展。

**深圳的茶藝館大概有多少？**

韋 大約有600家。

**范 深圳現在的人口有多少？**

韋 深圳的常住人口大約有500萬，外來人口包括在深圳工作的，加起來大概有1000萬的人口。

**范 這樣茶藝館的數量還是不夠，茶藝館是茶文化發展很重要的一個項目。**

韋 深圳懂茶的人太少，懂得喝好茶的人更少。剛剛您提到的茶藝師培訓非常重要，現在我們茶藝師的培訓還不夠規範、不夠系統。把茶藝師訓練出來，才能夠告訴社會大眾認識：茶文化是高雅的文化。讓消費者到茶藝館來學到一些茶文化的知識，這個工作就是要靠茶藝師來傳授。如像現在茶藝館的茶藝師有很多不懂茶文化，沒有辦法把高雅的茶文化宣揚出去。如果茶藝館裡面都是訓練合格的茶藝師，對我們茶文化的發展會有很大的貢獻。

**范 您個人如何享受茶藝的生活？**

韋 我每天一定要品茶，我現在喝茶是這樣的，到辦公室先喝茶，下班之前喝茶，回到家裡後要喝茶，睡覺之前要泡茶， 10多年來沒有變。我出差到國外也好，自己必定會帶上茶喝。

**范** **您平常以喝什麼茶為主？**

**韋** 以烏龍茶、鐵觀音為主，但綠茶也喝，普洱茶有時也喝。中國的茶每一個地方有每一個地方的特點。我最喜歡的還是鐵觀音。

**范** **請您簡單介紹您的成長過程。**

**韋** 我是廣西壯族人。我走到今天也是很坎坷的，我是從廣西河池地區老家走出來，18 歲的時候到深圳當兵，在部隊待了 5 年，從部隊下來以後到機關工作，前面說過，當時我的家產只有 100 塊錢的退伍費、三個月的糧票，就到新地方去了，生活是比較艱難，有差不多一年是檢些香港過來的一些舊沙發、舊傢俱去賣，這一年可以說學了如何做買賣，後來到廣告公司，也在攝影公司幫人照相，然後才到機關去工作。93 年時才下海，離開 10 年的公務員生涯。從 93 年到現在也剛好 10 年。

父母都健在，70 多歲了仍在廣西生活。

**范** **您是壯族是否談一下壯族的喝茶習慣。**

**韋** 我們壯族老家喝茶沒有什麼講究，壯族產油茶，但是我沒有喝過。小時候家鄉有一種黃皮果樹，在那種樹上會另外長出一種葉來，但那又不是黃皮果的葉，我們是用那種葉來當茶喝，我們老家都是喝那種茶。

**范** **您對人生的看法如何？**

**韋** 多喝點好茶，多交點好朋友，這就是最大的財富。

**范** **謝謝韋董事長接受採訪。**

# 歐陽崇正

## 雅安市蒙山茶人
## ——談茶文化和茶文明

歐陽崇正先生，四川廣漢市人。民間文藝家、蒙山茶史博物館顧問，興趣廣泛，涉足文史和茶文化，亦工於書法。我所以有機會認識歐陽先生是應邀參加2004年9月19日至25日召開的「第八屆國際茶文化研討會暨蒙頂山國際茶文化旅遊節」，為了多了解茶文化的發源地，我提早於16日就到達雅安的名山縣，入住蒙頂山大酒店後，被安排在「曉陽春茶藝莊園」午餐，就在那別緻的莊園裡認識了歐陽崇正先生，他和楊天炯先生是比較了解蒙山茶文化的茶人，在他們兩位的陪同下，我們參觀了「四川省名山茶樹良種繁育場」、「名山正大茶葉有限公司」、「茶馬司」、蒙頂山的皇茶園及各主要茶區、茶園和有關茶的景點。在參觀的過程中，歐陽先生熱情、詳細的介紹、解說各個參觀點，讓我大開眼界，頗有相見恨晚之感。

一天半的參觀很快結束，我就前往「一會一節」籌備處報到，9月25日回到台灣後，我認為應該將雅安市蒙頂山這個世界茶文化的發祥地讓更多的人了解。於是，決定邀訪歐陽先生，經過書信和電話的連繫，於2005年2月10日完成這篇採訪稿。這裡要再次謝謝歐陽先生！

* * * * *

**范** **請歐陽先生說明一下，爲什麼說「蒙山是世界茶文化的發源地？」**

**歐陽** 從文化學角度上看，凡人類社會歷史在發展過程中所累積的精神和物質財富，都可稱為文化。蒙山有以下幾條可以印證：

1. 蒙山在西元前53年，邑人吳理真在此馴化野生茶樹，進行人工種植。宋、明、清各朝典籍有載，古碑現在猶存。陳椽教授在編撰《中國茶葉通史》時，專程到蒙山考查，他見古碑和有關歷史資料後，在成書時寫道：「蒙山有中國人工植茶的最早記載。」

2. 綠散茶製作最早的地方。據《唐‧國史補》載：「雅州、蒙頂，或小方或散芽，號第一。」這種綠散芽的製作，開中國製散茶的先聲。明代朱洪武皇帝才下詔為節省人力，詔令全國生產散茶，從此這種綠茶生產工藝並延續至今。

3. 蒙山茶作為貢品，入貢皇室時間最早、最長，據陳椽教授考正，蒙茶在隋朝即作為貢品了。唐書記載「天寶元年」，欽定年年必貢的貢品，此例沿至清末，近1200年，「年年歲歲皆為貢品，這在中國茶業史上是罕見的」。（見《中國名茶》）

4. 蒙茶與佛教結緣的時間早，影響也深遠。

南北朝時，吳僧梵川，「結廬蒙山，種茶凡三年，味方齊全，採摘共五斤，名吉詳蕊，聖楊花，持歸供養雙林傅大士（傅大士生在西元497～579年）。唐代道宗禪師在蒙山永興寺種茶，並將禪法入茶，從此蒙山僧侶種茶之風延續至今（永興寺現有茶園100畝）。

和尚採製貢茶，並創製出皇室祭天祀祖的專用茶——黃芽。這種黃芽製作工藝，逐步通過僧侶傳向省內外，但其關

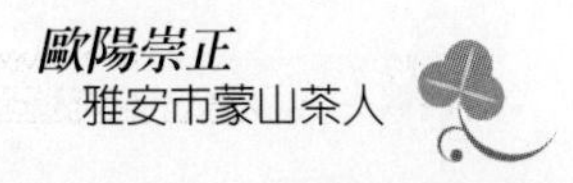

鍵技術外人無法獲得。

蒙山雀舌茶，作為佛教敬獻佛祖的貢品載入佛典趙樸初題簽的《佛教念誦集．貢獻贊》，在中國茶類是絕無僅有的殊榮。

5. 以詩、詞、文章歌詠蒙山茶，從晉朝開始，唐、宋尤多，時至今日，朝朝代代歌頌不衰，也算是茶文化史中一朵奇葩。

以上幾點，是我掌握的資料，也可說明蒙山是茶文化發源地之一斑。

**范** **您對雅安地區的文史研究頗深，請您為我們介紹「茶馬司」的歷史、由來以及在雅安茶文化中的地位。**

**歐陽** 北宋時，連年用兵北方，國家財政吃緊，戰馬需要量大的北邊馬源被阻，為解決財政和軍需，推行特殊政策——「榷茶」。據《文獻通考》載：北宋初年，「凡茶入官以輕估，其出以重估，縣官之利甚薄，而商賈轉致西北，以致散於夷狄，其利又特厚」。宋王朝為「開闔利源，馳走商賈」，製定了「榷茶」政策，由國家統購統銷邊茶。

神宗熙寧七年（1074 年）「榷蜀茶」，九年（1076 年）「吐番購茶定雅州為交易所，置茶場，縣令加同監茶場銜，自稱茶監」。「元豐時有司請以茶易馬，名山設茶馬司」（以上見《宋．會要》）。

這就是「茶馬司」的來由。初由縣官兼任，後改專職，並在名山、百丈兩縣（明代兩縣合併，即今之名山縣）設置茶場。由於宋王朝重視，官府督「榷」，宋徽宗正和三年（1113年）名山縣茶產量多達42165馱（每馱100市斤），對當地經濟起了推動作用，臻進了漢藏團結和文化交流，在拉薩流傳幾百年的一首歌，可資證實：其歌名《漢之茶》，歌詞大意是：「烏黑的漢茶，烏黑的茶垛，高過江邊綠色的山坡。雅安姑娘的深深情意，賽過藍色的江河……」

由於邊茶任務重，對細茶生產有所放鬆，品質也在下滑。在雅州府官雷簡天親自督製下，使蒙山名茶得以恢復和提高，並贈送京師故人梅堯及當權者，得到詩人和權貴對蒙山茶再度青睞與讚揚，一改「蜀荈久無味」的名聲，「蜀土茶稱聖，蒙山味獨珍」的美譽再度崛起。

**范** **您對蒙山的茶文化史蹟研究頗爲透徹，請您爲我們介紹一下，蒙山有哪些有關茶文化的史蹟？這些史蹟在茶文化中佔有什麼樣的地位？**

**歐陽** 蒙山茶文化史跡，是種茶始祖吳理真活動的地方和後來蒙山茶發展的僧、道活動場所，現存遺跡如下：

1. 皇茶園，是吳氏種茶的遺址，宋時封為皇茶園，明、清時採摘皇室祭天祀祖的專用茶園，園內古茶七株，高不盈尺，千年不枯不滅，現在園內還有一窩茶樹，保持蒙山茶原始特性：「其葉細長，葉脈對生」，學者稱其為「仙茶遺蹤」。

2. 甘露井，又名龍井，相傳是吳氏種茶汲水處，五代毛

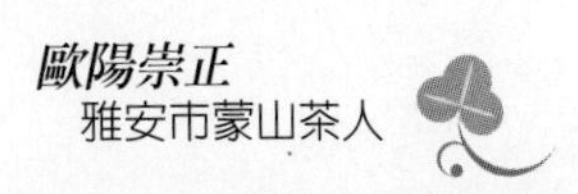

文錫《茶譜》所載用本地水煎服就是指此井。古籍載「井內鬥水，雨不盈，旱不枯，遊者虔禮揭石取水，烹茶有異香，若擅自揭取，雖晴日即大雨。」傳說雖近神奇，但夏日多有應驗。明代文字家王世貞《隴蜀余聞》高度讚揚甘露井「味清妙甘冽，在惠泉之上」。故詩有人「試掬龍井煮蒙茶，玉川若見垂涎姤」之句。

3. 甘露石室，相傳吳氏種茶休息處，全石結構。南宋時，供奉吳氏石像於內，明代重修。

4. 天蓋寺，原為吳氏結廬處，三國時道教在此建廟，尊吳氏為其祖師，圍繞皇茶園五座山峰，均為道教命名：上清、甘露、靈泉、玉女、菱角等五峰。這五座山峰也遍植茶樹，正貢（祭天祀祖專用）採自皇茶園，副貢則在五峰等處採摘，故天蓋寺是僧人看守貢茶園的住所。

5. 永興寺，永興寺是自古僧人種茶的地方，《蒙山施食儀規》的創作處，「蒙山雀舌茶」的原產地。

6. 智矩寺，是歷代貢茶製作處，據清代記載，全縣72座寺廟和尚，在縣官督採貢茶時，他們都要派出僧人參與採茶，各寺廟點名唱到的記錄，在該寺大殿前簷桃坊上還可看見墨跡。

7. 千佛寺，南宋時修建，典雅古樸，為清代僧官（僧正）居住處，他是督促和尚除日課佛事外，種茶、製茶、守茶園的監督者。該寺現存最完好，各殿全蓋琉璃瓦，佛像亦全貼赤金箔，法像莊嚴，古剎深幽。

以上各點，構成蒙山茶種植、製作、品飲、完整的茶文化史蹟。故我們在此建立蒙山茶史博物館。1986～1987年，新華社和國家級刊物都報導「蒙山建立了中國第一個茶史博物館」，後來四川日報在報導全省特色縣名時，又稱名山為「仙茶故鄉」。

**范** **您也是民間文藝家，請您談談茶與民間文藝的關係？**

**歐陽** 文藝與民間文藝只有些微雅俗之分。是口頭傳播與文字傳播之分。我認為茶是載體，民間文藝是動力，茶能由藥用、祭祀到品飲，它是由民間到上層，再由上層普及到民間的。

陸羽《茶經》是集民間茶文化的大成而提高之，毛文錫《茶譜》中雷鳴茶的記載也是把民間傳說整理成書，而使蒙山仙茶廣為流傳的。「揚子江中水，蒙山頂上茶」就是民諺（明・楊升作如是說），而使名山茶名聲普及到婦孺皆知的。

**范** **您認爲蒙山茶史中有哪些值得人特別關注的地方？**

**歐陽** 這個問題可以用「天、帝、人、鬼」四個字概括。天，是指自然環境，土質、氣候等方面，明代李時珍《本草綱目》中對蒙山茶有特殊定義，他認為「真茶性冷，惟雅州蒙山茶性溫祛疾」。它的土質究竟有哪些微量元素而使茶性溫？抑或是整個生態環境使它出產的茶性溫？這是很值得研究的。

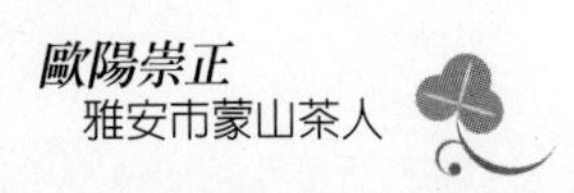

帝，是指皇帝和各朝政府，對蒙山茶的茶政，特別是貢茶史，是值得探討的。

人，就是人文，她是蒙山茶文化史的重要部分，她為什麼影響那麼深遠，一個茶品，歷千年而永詠不衰。

鬼，是蒙茶與神秘文化，宗教文化，民間神話等方面，這是大有文章可做的。

**范** **請您爲「茶人」下一個定義，怎麼樣的人才能稱爲「茶人」？**

**歐陽** 這有廣義和狹義之分，也就是一般層次和高層次之分。從一般層次上講，茶葉經營者、茶藝館的表演服務生和茶葉品飲嗜好者，上述幾種人能理性對待人生和社會的都可稱為茶人。從高層次上講，這個群體人數少些，我認為必須具備以下條件：一是積極弘揚茶德；二是茶藝的提倡與推行；三是對茶文化研究探索；能將此三者融會貫通並身體力行者，是「夠格」的茶人。

我曾對友人念過一首小詩，表述對茶人境界的概述：「茶品人生味，茶德化世紀，細啜九宵露，禪趣在其中。」

**范** **請您談談爲什麼會和茶結緣而對茶文化產生興趣進而研究它？**

**歐陽** 這是我生長的環境和工作有直接的關係。50 年代就到名山工作，幾十年都與蒙山茶接觸，這樣興趣也就隨著時間推移而與日俱增了。

1952 年，我供職於名山縣供銷合作社，參與茶葉經營活動。第一次與中茶公司西康省公司簽定邊茶購銷合同，我的對手是一位經營行家，對邊茶質量提出嚴格而準確的要求，我對此無知，只能在購銷差價上討價還價，合同簽定後，深感「文人以無知為可恥」的古訓，激起了我對茶葉品質了解的渴求，隨之拜訪一些茶商的經紀人、老茶工和前清文人遺老，基本了解邊茶細茶生產品質的有關問題。

以後因工作原因，70年代中在縣多種經營辦公室、農業局工作，茶葉生產是名山農副業的大宗產品，也是過問較多的，因而與茶葉技術人員和專家學者接觸較多，對茶葉生產、加工等工藝流程有了較多了解，也讀了一些茶學方面的書籍。對茶文化有了一知半解。

70年代末，在蒙山接待陳椽教授，他是受國家教委委託，編撰《中國茶葉通史》，遍訪中國茶區，找尋資料，他對蒙山茶的高度評價，更引起了我對茶文化的興趣。

後來我到文化部門工作，決心把蒙山茶史博物館建起，在籌備中多方搜集資料，找尋實物，使我對茶文化探討興趣倍增，之後，雖年老退休，探尋也未停止。

**范** **請您介紹一下您的成長過程和對人生的看法？**

**歐陽** 幼承庭訓，學了點古詩詞和書法，這種少年經歷，成了終生業餘愛好，青年時學了點文、史、哲，讀了些馬列著作，懂了點唯物論和辨證法，晚年看了些佛學書籍，對人生感悟又多了點知識。

幾十年工作崗位變化不少，正適合我興趣廣泛，求知欲旺的特點，雖無大的建樹，也略有小成。在全國性書刊及省市報刊發表有關蒙山茶、文物考古、群眾文化學等學術論文及舊詩詞多篇，書法作品為省博物館收藏，有關蒙山茶，中央電視台四、七、教育等頻道對我進行專訪並播出，《中華茶苑》中《蒙山仙茶》的介紹和蒙山文人茶藝由我表演，現已製成光碟發行。

我的人生信條是「寧為石鋪路，不屑畫葫蘆」，此聯刻在我自製的貢石硯台上，後又請《四海日報》社長李半黎為我寫成一幅聯掛在書齋，以激勵我創造性工作，不做奉公事辦公事的人。按傳統文化要求，做人（立德）做事（立功）寫文章（立言）。退休多年，仍得到上下左右同事們的尊敬和關懷。

**范** **您對目前的茶藝文化有什麼看法？**

**歐陽** 本人身處山區小縣，孤陋寡聞，偶有接觸，也是一鱗半爪，不好妄加評論。只隱隱感到茶藝有媚俗趨勢，把舞蹈、雜耍等與茶藝混合。在一些會議中助興是可以的，太過就不宜了。要開茶藝文化一代新風，還需有志於此者努力。

**范** **您平時如何享受茶藝生活？**

歐陽

品茶、蒔蘭、讀書報是我的日課。品茶主要是與老妻對飲，偶爾有老友來訪，品茶談詩文，賞字畫、讀蘭經。品茶與讀書多數是同時進行，一本好書或一篇好文，她讀我聽，或我讀她聽，茶與書並品，其樂無窮。我曾有遣詩一首記我心情：「仰望星空觀殞雨，低吟蘭榭譜民歌，師山友水交遊廣，瓷盞沙壺茶趣多」。

***歐陽崇正***
雅安市蒙山茶人

# 陳月明

## 心理諮詢師
## ——談心理學與茶文化

陳月明女士，廣東省新會人，曾任廣州市區長、區政協主席，現為心理諮詢師，廣東茶文化促進會副會長，南大專修學院心理學科教授，南方發展研究院心理健康研究所所長。1998 年她還在區長任內，我們彼此認識並結下了茶緣。2004 年 3 月 27 日，在廣州市二沙島和清居訪問了陳月明所長。

*　　*　　*　　*　　*

**范　請問陳所長，您爲什麼會進入茶文化的領域來？**

陳　我原本在政府機關工作，我的工作方向大部分是搞學習培訓這一方面比較多，後來到了領導崗位也是搞教育、學習培訓、宣傳之類。我在 2001 年退休，其實是更早要退休的，但因為工作的需要延後了好幾年。在未退休之前，我就想，自己退休了以後做什麼？人生總要有一個目標呀！我原在生活中研究心理學，在退休的前幾年，早已進修心理學方面的學科。後來一退休，鄔書記就來找我，問我：「是否有意到『茶促會』任職？茶促會急需要人。」我心裡就想，茶和我的心理學有什麼關係？其實大有關係！從茶藝、茶道、茶飲、茶詩、茶歌、茶俗等等，這些東西都是跟心理學相通的，也是心靈方面的東西，我喜歡和它們做接觸，感覺非常好！

學茶、品茶跟強身、清心都有密切的關係，所以我在心理培訓的課程裡有一堂是教人怎麼放鬆、減壓，還有有很多很多的方法，其中就有品茶可以淡泊心情，茶與心理有它內在的連繫。於是我就答應鄔書記到「茶促會」來。到了茶促會以後接觸了很多茶界的朋友，學習到很多茶方面的知識。

范 **您過去對茶有什麼因緣嗎？有沒有喝茶的習慣？**

陳 有的。我的兒子也曾搞過茶藝，他認識一些茶藝界的朋友，我也有接觸到茶藝這方面的事物，記得您曾經到過閒雲居茶藝館講課，我也去聽過課。所以您說有什麼因緣，這也是因緣呀！家裡有朋友來，我也是泡茶接待，茶是我生活上的重要東西。

范 **陳所長是哪裡人？那個地方有產茶？茶文化的情況如何？**

陳 我是廣東省新會人。因為我是很小就出來，那裡還是很多人喝茶的，附近的台山、恩平、開平等都是喝茶很普遍的地方，我較少回去。

范 **您是廣東茶文化促進會的副會長，請您談談廣東茶文化的狀況。**

陳 要做好茶文化的工作要請專家、學者來多參與。鄔會長在這方面用了很多心，做了很多事，他搞茶促會是為發揚我們國家的茶文化跟經濟結合，把我們國家茶的品牌建立起來，中國茶的出口量以前是很多的，但是一直沒有建立好我們自己的品牌，鄔書記在我國茶葉品牌的建立方面做了很多的努力。台灣方面做得比較好，台灣來的一些茶也很受歡

迎，在茶的商業方面做得很成功。

范 **陳所長，您對「茶人」這個問題有什麼看法？怎麼樣的人才能算是一個茶人？請給茶人下一個定義。**

陳 您一問到這個問題，我首先想到的是，茶跟「德」應該是很密切的連繫在一起。剛才我所講的清心呀！心靈呀！都是和茶緊密相連的，很有促進作用。茶人一定需要有道德。

范 **謝謝陳所長接受採訪。**

# 黃穎怡

## 創造品味的茶人
## ——談傳媒和現代生活

黃穎怡女士，現任《新現代畫報》的採編總監，對於茶藝文化的感覺是非常靈敏的。在二、三年前，第一次見到穎怡的感覺是很古典的，像是瓊瑤書中的女人，比較偏向傳統中國文學、東方美人型的閨秀，而現在是《新現代畫報》的主要編輯人之一。這也很恰當的說明，目前的社會氣質在傳統優美文化中綻放著現代的思維，新的傳統逐漸在形成，茶藝文化也是比較顯著的部分。

第一次認識黃穎怡，她就決定靠近茶文化，拜師學藝，不管是經過深思熟慮，還是一時興起，總的來說，這是很有智慧的選擇，完美的人生就是當下的決定，然後孜孜不倦的耕耘，創造出成果來。所謂的「把自己這塊材料雕塑成器」，也就是做一個有用的人，對自己好，對社會也是有所貢獻。學茶就是要從中悟道，讓自己不斷有清明的思想，很順利的走完人生的道路。而從茶悟道需要有一個過程，這個過程就是「藝」。茶是物質，道是精神，茶道是精神和物質的結合體。茶藝則是物質和精神的結合體之前的演化過程。所以，茶藝是媒介，是過程，是方法不是目的。

黃穎怡是傳播媒體的工作人員，所見、所聞、所想較多，我們可以從她那裡領略到一些道理。

2004年7月28日，在廣州茶元素空間邀訪黃穎怡。

*　*　*　*　*

**范　你是傑出的媒體工作者，請您談談媒體對茶文化的影響。**

黃 過去，茶在大眾的眼中只不過是一種飲品，還沒有上升到文化的高度。隨著社會的進步和人民生活水平的提高，人們飲茶開始不再追求一種味覺，而是尋求更高層次——歷史和文化上的東西。而這種茶和歷史、文化的承接正是媒體的長項。可以說，從某種程度上，媒體引領著大眾對於茶文化的接受和理解。

**范 茶文化是中華文化很重要的組成部分，其發展走向往往對社會產生風行的影響，而媒體在其中具有引導作用，請您就媒體人的立場談談這方面的看法。**

黃 茶文化在我國具有悠久的歷史和燦爛的文化，在這方面，媒體是有責任和義務進行宣傳的。但是凡事過猶不及，如果過多地強調茶文化或者追崇上等茶，那麼就有可能引起社會上的一種「茶文化奢侈」之風。

如果有一天，人們對茶、只是憑個人天然的感受與領悟去選擇，從而獲得一種與自然溶於一體的享受，這就足夠了。過多的見解與評論，常常只是廢話。其實好的東西都有一個共性，就是簡單！

**范 近年來，各種媒體對茶文化的活動訊息做了不少的報導，茶藝館是新興的行業，也是茶文化發展中重要的一個項目，您認為對於茶藝館，媒體要如何扮演好監督和宣傳的角色？**

黃 茶藝館作為茶文化的重要傳播途徑，其存在是具有重要意義的。媒體也可以進行適當的宣傳，以弘揚中華茶文

化。但是在另一方面，有的茶藝館藉品茶之名，盲目地推崇一種奢華、比富的「茶文化」，這種精神實在與茶道淡泊處世的本質相背離，在這種情況下，媒體不應該跟風吹捧，而應該以客觀冷靜的態度進行監督和審視。

「少年聽雨歌樓上，壯年聽雨客舟中」，當在一切都在變，甚至「我」和「我自己」都是一個變數的時候，「茶」的本質是屬於地老天荒的東西，不會改變。媒體應該有這種真誠的態度。

**范　在採編雜誌的過程中，有哪些關於茶文化的報導、圖片讓您印象深刻，讓您最欣賞？**

黃　圖片倒想不起來了。挺喜歡同行姐妹寫的一段看男人女人喝茶的話，真真道出「茶道如月、人心似江」的理兒。雖然品茶也如「月只一輪、映射各異」，就當是和朋友們分享吧。

看好女人喝茶，能看出一個「義」字，不是陽春三月賞花般滿目繁華，也不是河邊細柳的纖纖弱質，是淡雅中自有爽利，不絮絮叨叨說人生無奈，懂得珍惜好東西。看男人喝茶，則能看出一個「情」字，真有情的人，可以喝出儒雅的風範來，坐態從容、十指乾淨，言語平和，聞香時如閒庭信步。這樣看來看去，意氣相投的就可以相視一笑，下次還可以相約再來；焚琴煮鶴也容易看得出，以後就是世情的來往，不近心的……這句說得倒是挺近人心的。

**范 你認爲最美好的茶藝生活應該是怎麼樣的？**

黃 小橋流水、明月清風、鳥語花香、絲竹入耳、檀香沁心……最好的茶藝生活應該讓人忘記了茶本身，而可以忘情地享受自然、享受寧靜。

**范 請您談談您的成長過程和工作經歷、家庭狀況。**

黃 我有一對善良的父母，他們有一個善良的女兒。我的成長過程儘是些平常事，沒有太多不得不說的故事。只是對美好的東西，充滿感恩。

因為沒有好好讀書，讓我誤撞進傳媒這行。每個行當就是一個世界，這個行當除了讓我認知了這個行當的世界，還有機會讓我感知其他世界的精彩。目前，我在一家宣揚優質生活方式的時尚媒體做採編總監，工作讓我接觸太多的成功、奢華、精緻，以及一切美好的物質生活，充滿了誘惑，充滿了可比性，我們能做的是，讓每一篇文章，穿入一個領域，並且試著與讀者分享。而在這穿入的過程中，我也獲得了一種很好的心態：生命的本質就是以開放平衡的心態來接受一切可能，而非斷然地斬斷和防止一切享樂的可能。

父母的夫唱婦隨一直是我的視線焦點，我現在的狀況是：上有父母、左有夫君，下有愛兒；雖然生活尚未到達隨心所欲的地步，甚至與自己工作宣揚的生活方式相去甚遠，但我依然對生活充滿愛戀：一杯香茶、一盞美酒、一次美食

的約會、一場朋友的相聚……我很慶幸能夠擁有這些簡單的美麗。

**范** **您認爲作爲一個茶人應該具備什麼條件？請你爲「茶人」下一個定義。**

**黃** 「茶人」應該有一種寵辱不驚，閑望天上雲卷雲舒、坐看庭前花開花落的心境，他豐富的文化內涵和品味是內斂的，從不故作高深，也從不張揚。以開放平衡的心態來接受一切的可能的儒雅之士，大概這就是我心目中的「茶人」吧？

**范** **您對目前的茶藝文化有什麼看法？**

**黃** 奢侈有餘，作派過火，但內涵不足，茶藝的真諦還沒有深入人心。

**范** **您平時如何享受茶藝生活？**

**黃** 認真的界定，我沒有經常真正地享受茶藝生活，大概就是偶爾和朋友的相聚，選擇了以清茶作伴吧。

**范** **您對人生的看法如何？**

**黃** 這個話題很大，小女子從來疏懶，對人生的大標題倒是有點願意輕描淡寫的溶入平常的日子裡。還是那句話——生命的本質就是以開放平衡的心態來接受一切可能吧，這樣應該比較真誠。

# 王夢石

## 品茗賞石的茶人
## ——談石道與茶道

王夢石先生，其人如其名，愛石愛茶，以賞石為樂，以品茗為伍的生活，因而培養了明志淡泊的人生觀。

認識夢石是在2004年3月2日，我到天津雙泉名茶園交流訪問，經過座談對他有了深刻的印象。2004年7月20日，我再次到天津並採訪了他。

*　　*　　*　　*　　*

**范　您很喜愛雅石，名字又叫「夢石」，您爲什麼會喜愛雅石？是因爲名字的關係嗎？**

王　我喜愛雅石，是因為受中國傳統文化的薰陶，中國人自古以來就有愛石賞石的風氣，唐宋時期在達官貴族和文人雅士中已然成為一種潮流，像白居易、李德裕、蘇軾、米芾、陸游等很多歷史名人都留下過愛石的佳話，我正是從閱讀大量的古典文學作品中潛移默化地喜愛上雅石，後來給自己的書房取名為「抱璞齋」，璞就是含玉的石頭。名字也改為夢石了。

**范　請您談談收集雅石的樂趣，它的哲學是什麼？**

王　收集雅石的樂趣在於擁抱大自然。在城市裡居住久了，很多人都希望返璞歸真，回歸自然。但是不可能經常置身於秀美的大自然之中。而擁有了雅石，就等於擁有了大自然，因為雅石來自於山川河流，又呈現了大自然的原始風貌，它的象形狀物可以說是鬼斧神工，無奇不有，例如景觀石，可以說就是縮小了的壯麗景色，難怪古人標榜自己的藏石：「名山何必去，此處有群峰」。天然的雅石不僅能給人美的享受，還能給人以啟迪，悟石德而養性，通石理而修身。從哲學的角度欣賞雅石，在台灣屬於石道五段的層次，以石悟道，「道」就是中國哲學的最高範疇。在大陸更多的是上升到美學的高度來認識它。我覺得收集雅石的哲學在於通過欣賞雅石來認識宇宙的法則，事物發展的規律，雅石是客觀存在，不以人的意志為轉移，人在審視雅石的同時也在審視自己，石中有我，我中有石，「不知何者為石，何者為我」從而達到「天人合一」的至高境界。

范 **您覺得喝茶和雅石有關係嗎？茶之美、石之美各有哪些特色？**

王 喝茶和雅石有非常密切的關係。我曾在北京《茶週刊》上開闢過「品茗賞石」專欄，詳細論述了茶與石，水與石，飲茶環境與石，茶具與石，茶德與石德等方面的關係。許多反映茶事的繪畫都有雅石作為背景。如宋代錢選的《盧仝烹茶圖》畫面上有一塊高大的黃色太湖石，玲瓏剔透。明代丁雲鵬的《煮茶圖》也畫有一塊嵌空嶙峋的太湖石。可見自古以來品茶和欣賞雅石就密切相關，這是因為茶與石都是美好的事物。茶之美，美在形、色、香、味。茶形的美體現在外表的細嫩、緊結、挺秀等方面，茶色的美體現在色澤的嫩綠、金黃、紅亮、清澈等方面，茶香的美有淡雅、馥郁、濃烈，茶味的美有鮮爽、醇厚、回甘，等等，這些都是茶之美的特色。石之美，美在形、質、色、紋。即形狀奇特、質

地細潤、色彩豔麗、紋理豐富。另外還有茶與石共同的神韻美、意境美等。

**范** **雅石在茶藝中的角色如何？兩者如何相得益彰？**

**王** 雅石在茶藝中的角色可以是配角，也可以充當主角，兩者是互相轉換，相得益彰的，有時候賞石是為了更好地表現茶藝，也有時候通過茶藝能夠更好地欣賞雅石。譬如在茶藝館中擺放雅石，是為了佈置幽雅的環境，使品茶人感受到靜寂的氛圍，雅石處於陪襯的地位，是配角；而在以欣賞雅石為主的活動中設置茶席，茶藝就是為雅石服務的，使欣賞者通過品茶調節心情，在觀賞雅石時產生愉悅。我認為在品茶時除了欣賞音樂、書畫、插花等藝術，最好再加上欣賞雅石。不同的雅石與不同的茶葉、不同的茶具能夠組合成主題各異的茶席，我目前正在為茶與石的結緣進行深入的探究。

**范** **請您談談收集雅石要具備什麼條件？要如何來收集和分辨雅石？**

**王** 居住在城市的人可以利用假日旅遊的機會到山川河流和海邊湖畔去撿拾，但是不易得到滿意的雅石，到人跡罕至的地方去採集要借助於工具，並有一定的危險性，需要注意安全。一般來說還是購買為好。現在雅石已經形成一種新興產業，全國各地到處都有雅石市場和雅石商店，或雅石櫃檯。購買雅石也是一種投資行為，因為雅石具有保值升值的功能。無論是採集還是購買，都要憑藉藝術的眼光，去發現雅石的美。收集雅石需要豐富的知識，這樣才能發現和挖掘出雅石的文化內涵。分辨雅石要依據長時期積累起來的知識和經驗。

范 **請您談談您的成長過程和工作經歷、家庭狀況。**

王 在我少年時正趕上動亂的年代，沒有受過很好的正規的教育，好在我有讀書的愛好，對文學藝術有著濃厚興趣。青年時工作之餘以藏書和寫作為主，尤其喜愛戲劇創作，曾經發表過幾部轟動一時的廣播劇作品。中年以後對休閒文化情有獨鍾，藏書之外又收藏紫砂壺和雅石，因經濟實力有限，紫砂壺大都是工藝師以下的年輕陶藝家的作品，雅石以物美價廉為主，但其中也不乏精品。由於有這些雅好，使我具備了健康的體魄和良好的心態，認真負責地做好我的本職工作，在財會工作崗位上一幹就是二十多年，默默無聞，與世無爭。充分利用業餘時間學習和研究茶文化和石文化，爭取在這兩方面作出一些成績來報答社會。家裡父母健在，有妻子和女兒，過著儉樸平淡的日子，沒有什麼高檔的家用電器和傢俱，唯一值得驕傲的是擁有大量的書籍、雅石和紫砂壺。我所追求的目標是「百壺千石萬卷書」，這是我人生的「百千萬工程」計畫，現基本上完成過半。

范 **您認爲作爲一個茶人應該具備什麼條件？請您給「茶人」下一個定義。**

**王** 作為一個茶人首先要愛茶懂茶。茶人不是一般的茶農，也不是一般的茶商，更不是一般的喝茶者。茶人要具備一定的科學文化知識，包括茶科學和茶文化。茶人要了解茶的歷史，要在前人取得的成果的基礎上，用畢生的精力來研究和推廣茶，爭取作出新的貢獻。「茶人」是一個尊稱，不能自我標榜為茶人，要得到社會的認可，至少是茶界同仁的認可。像我們這些喜歡茶的人，一般應自稱為「愛茶人」。我個人認為茶人的定義是具有中華民族的傳統美德，平和的精神，熟悉和掌握茶葉的製作過程或沖泡技藝，並且在茶科學或茶文化的研究和推廣方面有所建樹的人。

**范** **您對目前的茶藝文化有什麼看法？**

**王** 現在茶藝文化的發展速度還是比較快的，各類茶的沖泡技藝基本上都有了較為科學的程式，對民族茶藝、歷史茶藝的挖掘、整理也取得很大成效。越來越多的人們認識和瞭解了茶藝，

**范** **您平時如何享受茶藝生活？**

**王** 我平時喝茶並不追求茶葉的名貴，物美價廉的中低檔茶就可以了，但是我比較講究品茶的器具和環境，側重於精神上的享受。平時上班喝綠茶，用帶藤把的玻璃杯沖泡，在品飲時還可以觀賞綠茶的嫩葉和湯色。喝綠茶能提神，有利於精力充沛地工作。偶爾在下午用木魚石茶杯沏上一杯紅

茶或普洱茶。晚上回到家吃完飯後，獨自在書房兼茶室裡，用紫砂壺沖泡烏龍茶，先給供奉的茶聖陸羽塑像敬上一盅，然後坐在寫字台前的籐椅上，邊品茶、邊賞石，或讀書，或寫作。

范 **您對人生的看法如何？**

王 這個問題一時很難說清楚，我對人生的看法還很膚淺。人的一生，有得有失，有輸有贏，有幸福也有悲哀。我認為要儘量減少消極的一面，增強積極的一面。要有追求和夢想，這是人生快樂的根源，要盡最大的努力去一步一步地實現。在實現的過程中不能給自己帶來太多的痛苦，更不能給別人帶來痛苦。我欣賞快樂的人生，詩意的人生。我給自己起的別號叫「沽上散人」，寓意就是做一個散淡的人。人的一生很短暫，不能把精力都放在追逐名利地位和物質財富上，應該充分地、自由自在地享受人生的美好。

# 陳來福

## 深圳特區的老報人
## ——談中國茶道論壇

陳來福先生，漢族，廣東省湛江人。認識陳來福先生從結緣開始可說有10年了，因為他編《茶道》雜誌引用了我好幾篇十幾二十年前的文章。但，真正見面是2004年3月下旬的事，當時，在深圳中國茶宮討論「中國茶道論壇」籌辦事務，來福的確帶來福氣，籌辦工作進行得很順利，2004年11月3日如期舉行，我提前一天就來到深圳，並利用空檔時間（2004年11月3日下午3時，於深圳中國茶宮。）採訪了陳來福先生。

* * * * *

**范** **請問您和茶是怎樣結的緣?**

**陳** 我對茶的緣份很深，因為廣東這地方喝茶的習俗很盛，加上我們家以前的生活條件還算可以，我父親是木匠，算是手工藝人，所以他都備著一大壺茶，他喝酒、抽煙，也喝茶，所以我從小就深受影響。但是我真正對茶感興趣和著迷，是從我十七歲上山下鄉開始。當年我是知識青年，上山下鄉到了中國大陸最南端的雷州半島，叫徐聞縣，徐聞縣一過去就是海安，海安一過去就是海南島，蘇東坡當年到海南島的時候經過雷州、徐聞，後來在徐聞留下了一首詩，叫〈歸心流水急……〉。我就在那個地方，那個地方是個茶山，到處都種茶，所以我就開始喝茶了，那時候徐聞出產的是一種綠茶。雷州半島那個地方經濟作物比較發達，種橡膠、甘蔗、菠蘿、茶等等，都佔有很大的面積，我就是從那個時候開始接觸茶，但是也沒有做研究，只知道喝茶對人健康有好處，能提神醒腦。

我約在1967年前後到達那裡，我去的那個農場當時就是種茶，後來又改種菠蘿，我在那裡待了2、3年，後來就被招到縣委宣傳部工作，我一直在徐聞縣工作、生活了十幾年，直到1983年。當時我在徐聞縣委辦的一個縣報，叫《新風》，擔任主編。1983年的時候，深圳特區還到處都是工地，正在大規模建設中，我來到了深圳，只有一個願望，就是做記者，因為我原來就一直從事這個行業，當時我本來可以到政府黨政部門服務，但終究給放棄了。深圳最早的新聞單位是廣播站，連廣播電台都沒有，《特區報》也尚未出現，我只好在廣播站當起記者，一直到成立了《特區報》才離開。後來我辦了《特區工人報》，就在這裡一直當到編輯部主任。不久，因為《特區工人報》與另一家《深圳青年報》都停刊了，我又被推薦到《香港大公報》，接受他們的委託，在深圳創辦了駐深圳記者站。做了幾年之後，有鑑於國內房地產的開始興起，我立刻創辦了《中外房地產導報》，這個導報從雙月刊發展到月刊、半月刊，一直到了周刊，每星期出一本，資產累積了幾千萬。但是我們內地的報紙必須要有一個主辦單位，因為房地產是歸國土局管轄，所以我們的報紙也自然地被國土局收購，收購了之後我又被調到局裡工作，局裡則另外派人去當社長。就這樣，我不小心地變成了機關幹部，離開了新聞單位了。

**范** **您當記者那麼多年，請您談談所見所聞中關於茶的部分。**

**陳** 茶在深圳主要是消費的角色，因為這個地方不產茶。我對茶有更進一步的認識，是我在《大公報》工作的時候，那時候汕頭等地方，常常到深圳來邀請幾個大報，比如《人民日報》、《大公報》、《新華社》、《文匯報》等等，請記者組團到他們那裡去採訪，一到了那些地方，就一定會請我們去喝茶，我記得有一次去鳳凰山，路很難走，一路上去我都暈車了，到了山上就喝那裡的工夫茶，喝完以後，真的是感覺很不一樣，頭也不暈了，下山的時候感覺非常的清醒、非常的舒服愉快，那時候我就想，這個茶好有效啊！立竿見影。從此以後，我出差在外的時候，都到處去買茶喝茶，但是我不太會分辨茶的好壞，總以為貴的就好，比如我到了廬山的時候，看到那裡的茶葉叫價五、六百塊一斤，後來講價講到三百塊，我就以為賺便宜了，趕快買了一斤，沒想到等我逛到了下一個攤位，一樣的茶，兩百塊，還不用講價。所以我就想這裡面的學問可大了，因為一般人根本就不會分辨什麼新茶老茶？也分不清是什麼品種？賣的人都說是廬山的什麼雲霧茶，但沒有幾個人搞得懂啊！

我跟韋總是二十多年的朋友，我創辦《中外房地產導報》的時候還是他領的路，他介紹的，但是他自己卻走了另外一條路，他去開拓了一條茶的路。

我離開報社到了機關之後，就處在一種臨退休的狀態，工作也很輕鬆。後來我到韋總這裡喝了幾次茶之後，我對茶有了更進一步的認識，因為他經營這麼多種類的茶，尤其是他讓我幫他辦一個茶的雜誌，就逼得我翻看了很多茶的文章，特別是范先生您的大作，我全部都放在我的辦公室，隨時參考，這個《茶道》雜誌的創刊號，引用了很多您的關於茶的理論，還有您對茶道文化的精闢的見解，非常啟發人，您看我的導引、前言，都使用了您的茶道的精神，我覺得非常的貼切。所以我在理論上對茶的認識，真正是從辦《茶道》，接觸了大量您的和其他的文章後開始的。因為一個人再會喝茶，也不一定能說出個一、二來，實踐固然是一方面，但是要上升到文化的層次，就一定需要有一些名家的指點。我主編了這個《茶道》的刊物之後，就開始注意關於茶的品種啊、季節啊、如何品茶啊，還有茶道要弘揚的精神、精髓是什麼啊等等。

**范** **您在深圳這麼多年，看到深圳人民在飲茶習俗上有什麼變化？過程是怎樣的？**

**陳** 因為深圳是個移民城市，在家庭生活方面，都有一個共同的習慣，就是家裡都喝茶。我接觸過的一些來自五湖四海的朋友，到他們家裡去的時候，肯定是要喝茶的，尤其是一些中年以上的朋友。反而是年輕人和小孩，比較喜歡喝各種飲料了，但是這個習慣也在慢慢改變中。因為很多人是來到深圳之後才知道什麼是「小巴」，什麼是「的士」，那以前沒見過的各種的飲料就更多了。我們 1983 年來深圳之



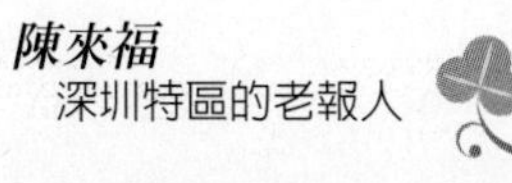

前，都是一個月四十塊工資的機關幹部，剛一來的時候，深圳的商品之豐富，讓我們大開眼界，我想最初每一個人來深圳都有這樣一個過程吧，當時喝茶的習慣還沒有那麼流行。

深圳真正開始全社會的興起茶館、茶藝館，是這幾年的事情。我發現深圳的消費市場，有兩個很大的改變：一個是書店，小書店林立；第二個就是茶館，越來越多，這可能跟深圳的市民文化有關。比如說為什麼小書店那麼多呢，因為書價比大書店便宜一點，所以自有它的市場。至於茶館呢?有各種各樣的消費者，如喝茶的、休閒的、聊天的等等。茶文化的風行，我認為除了老百姓的習慣之外，還有一個引導的問題，那就是宣傳。你看那個「健力寶」的運動飲料，過去沒有，它就不斷的宣傳、灌輸人們，說這個飲料有多好多好，它就發展得非常快。茶的方面，年紀大的人都知道它對身體好，但是年輕的人就接受得少一些了。就好比地方傳統戲曲一樣，最近廣東推出了一個粵劇，場面很大，這種戲以前年輕人根本不看的，但是經過宣傳引導之後，年輕人去看過，發現傳統戲曲也是很有味道，看起來並不是那麼無聊，就這樣把這個戲種又救活了。我認為喝茶，對於提高人的素質、涵養很有好處，當然對健康的好處就更多了，但是茶葉做為一種商品，還沒有形成為一種良性的宣傳力，缺乏像其他的保健品那樣的宣傳力，所以並沒有引起那種市場效應，為什麼那些飲料，補這補那的保健品那麼受歡迎，人們也知道吃了它並不會怎麼樣，但是吃了也不會死就是了。我覺得延伸開來講，市場大多要靠宣傳，茶葉應該強調它的保健、環保的功效；另外從包裝方面，從它的加工製作方面，方便飲用方面，如果能夠有一些創新的話，我認為這個市場非常大。

其實我從創辦這個雜誌開始，就做了很多市場調查，開始的時候雜誌的名字有人說用什麼茶葉啊、經濟啊等等，我說就叫《茶道》，為此我還諮詢了一些專家，因為茶道本身就是一個品牌，就是一個傳統的東西，是世界上都認可的，所以「中國茶道論壇」也是這麼來的，這樣也有別於其他城市的茶藝比賽啊、茶博覽會啊等等，我們這個「中國茶道論壇」，就是讓茶跟文化有更好的結合，所以當時我們也得到了有關方面的支持，特別是現在很多城市都提出一個口號叫做文化歷史，這不能只是一個口號，而是要有具體的行動，怎麼樣使這個城市有更深的文化內容，怎麼樣提高這個城市市民的文化素養，其實高明的領導都知道，茶就是最好的一個潛移默化的東西。

范 **對目前中國和深圳的茶文化狀況，您有什麼看法?**

陳 內地我去的不多，北京老舍茶館我有去過，上海我也去過一些有名氣的茶館，但是我聽說效益都不是很好。深圳也有類似的情況，因為茶館如果不靠棋、牌這類收入，光靠茶本身的話，是比較艱難的。我對茶文化雖然是從這幾年才開始接觸，但是我感覺，茶文化其實就是一個城市進入了

市民社會以後，以茶的精神、茶的內質來啟迪人心，茶就是建立市民文化素質的一個非常好的結合點。

**范** **那麼您認爲現在的茶文化發展有什麼需要改進的地方?**

**陳** 我覺得我們現在茶是喝了，但是要怎麼悟出「道」來，進入那種境界，這需要一個引導的過程、一個提升的過程。

**范** **那麼對於這個過程應該怎麼做，您有沒有個人的想法和建議?**

**陳** 我認為這裡面有兩個過程，一個是喝茶還有待於一個宣傳和普及的過程，因為在飲料市場來說，茶的聲勢也好、形勢也好、深度也好，可以說是還有非常大的空間來努力的。另外現在的社會剛剛進入一個快速發展的階段，人們都還在追求怎麼樣賺錢、怎麼樣跟上快速的生活節奏，所以，還需要經過一個生活質量不斷提升的過程，也許到了一定程度，就會水到渠成了。但是我們做為一個茶文化的倡導者，我們也應該盡自己的責任，做些力所能及的事。

**范** **那麼您認爲，您們現在有「深圳中國茶文化研究會」這個舞台，應該要怎麼樣來發揮它的作用?**

**陳** 這是一個民間的社團，所以就要靠自己的力量，我認為首先要廣泛的交朋友，要把茶人們結合起來，要通過各種平台包括活動、媒體等等，來做一些普及性的宣傳，初期可能就是這樣，可能還要舉行一些活動吧，把氣氛給炒熱起來。

范 **您現在最常喝什麼茶？**

陳 我喝鐵觀音比較多，大概是受韋總的影響。我的老家湛江那個地方，普遍來說，老百姓是有什麼喝什麼，沒有什麼講究，如果是講究一點的人，就是喝綠茶，因為雷州半島有產綠茶，所以我過去也是喝綠茶。

范 **謝謝您，講的非常好！**

# 李巧穎

## 新一代茶人
## ——談精神信仰與山水茶道

李巧穎是我的茶人朋友的第二代，她的父親李波韻，是主持安溪茶藝表演隊的文化人，也是突出的茶人。安溪縣是福建省的重要茶區，也是中國烏龍茶的故鄉。由於台灣和福建省的地理環境接近，人文生活雷同，安溪人在台灣所佔的比例很大，尤其是從事茶業的人，許多是從安溪移居到台灣的。我在1989年第二次到大陸時就到安溪去了，而認識李波韻先生是1990年左右的時候，後來在2000年的時候，我們在上海又見面了，他當時告訴我，他女兒在北京念廣播學院，在中央電視台工作，希望我到北京的時候能去看看她。隔年，我到北京，就打電話給巧穎，她告訴我她父親也在北京，於是我們在「橋影茶坊」見面了。到了橋影後才知道，這家店是巧穎開的，小巧玲瓏，地方雖然不大，但是除了販賣茶葉、茶具外，還可以在這裡品飲名茶，也是茶葉包裝設計的展示中心，這個小店在熙熙攘攘的北京胡同裡別有洞天。我們見面相談的四個小時裡，幾乎都是巧穎滔滔不絕講她的茶思想，侃侃而談她的理想、抱負，幾乎完全投注在茶的世界裡，對於一位二十餘歲的年輕人，很少有人在思想上如此的專注，陶醉在茶業、茶學、茶文化中，所以，我對她的印象非常深刻。

這兩三年，偶爾仍和李波韻先生聯繫，但沒有再和巧穎聯繫，可是仍常常惦念這位新一代的茶人。2004年2月19日下午3時許，我在北京約了巧穎在西單的中華茶藝園見面，在二個多小時的採訪中，這位聰慧的年輕茶人，仍然以快速的語調，一瀉千里地暢談了她的茶思想。

*　　*　　*　　*　　*

**范　請李小姐談談您的成長過程，您來自中國烏龍茶的故鄉福建安溪，一定有很多有關茶的故事？**

李　喔，這個問題好大。我出生的地方是在山區，父母親上山下鄉的時候，我就出生在山溝溝，是在明前的時候，也正是採茶的時候。父親說，我從小就比較叛逆，而我則是對山山水水特別有感情、有感覺。我記得小時候我是光著腳丫子長大的，很自由的過日子，這我要感謝我的父親，他給了我很多東西。因為他是湖頭鎮人，那裡文化比較發達，是清朝理學家李光弼的故鄉，文風比較盛，父親從小講爺爺的故事給我聽。說爺爺知天文，懂地理。他還經常講傳說、故事給我聽，因為父親是性情中人，這也對我性情的影響很大。他給我們很大的空間，像從小就教我們學書法等等這種傳統文化的東西。但是，我們又是生長在山野之間，比較野，比較土，十足的野丫頭的樣子。記得大約五、六歲的時候，父親就帶我們去看故居、看山水、看月亮，過節的時候，吃月餅、聽南音，喝茶，這些都是家常活動。父親還寫歌謠、民謠、茶謠，他給我很大的空間，無形中也給我很多的傳承，這種無形的傳承到我長大後，在心中仍然充滿了感激。像我這次回家，要回來北京的時候，我爸爸還幫我扛著一大包行李送我出門，他說，你就像天上的雲。意思就是說我很自由，沒有辦法抓得到似的。我的伯伯、叔叔都是從事

藝術的，都是當地的藝術家，他們都說我很超脫。我到現在對我的家庭還沒有什麼貢獻。我當初來北京是他們鼓勵我來的，當時我是小孩的藝術教師，做了兩年，有點受不了。由於我對電視、藝術節目的製作特別有興趣，就來北京考大學。很幸運的，我考上了北京廣播學院，主學導演，這件事真要感謝父母親的幫忙，如果我還是留在當地，也許可以過得很悠閒，像大多數的女孩子一樣，工作、生活、買房子，日子可以過得很好。但是，我覺得自己是個衝動的人，內心裡面有一股衝勁在驅策著我出來，這一出來就是十年。30歲了，如果我沒有出來，我根本不知道外面的世界，也不知道我的心靈深處是什麼東西，山水的、植物的、大自然的，我是這樣的人，但是在經過了所謂都市文明的經驗之後，在性情上受到了都市文明的滋養，我再回去故鄉，摸到那裡的樹葉，聞到葉子的香氣，好像我心底深處的某種東西被引發了出來。我記得我小時候沒有那麼敏感的，現在我對草、對樹、對茶的那種感覺，非常的敏感，非常的微妙，無論是嗅覺、聽覺，都非常敏銳。

我這十年來，雖然爸爸培養了我那麼久，卻也沒有從事那方面的工作，我也只在電視台打工一年。當我在海外中心，就曾跟李小山一起做達賴喇嘛的節目，他是我的老師，經常帶我一起喝單叢呀、安溪鐵觀音呀，感覺還不錯。我真的很難像正常人那樣，接受職業訓練什麼的，我沒辦法那樣，我可能是個性有點野，來自民間的那種野，我喜歡一種風趣、幽默的生活，活潑的生活方式，這也是來自我的天性吧。我對自己很了解，從內心的了解，從佛教自性的了解，包括了佛教的善知識，以及天的知識，如果這是上天賦給我的，我非常的感激。我的家庭是基督教家庭，三代基督徒，可是，我 15 歲時練氣功、學瑜珈、讀佛書、讀風水的書，而我的基督教家庭是嚴格禁止這些東西的，所以我們衝突不斷，即使我在北京十年，也一直有衝突。這十年來，我一直活得很快樂、很堅強、很自由，但是，內心總有一種對不起家庭的感覺。

范 **您在家鄉成長，有沒有種茶、做茶？**

李 我家裡沒有種茶、做茶，但是，我的左鄰右舍大多是種茶、做茶的，我們家鄉大部分是茶農，放眼望去，山上都是茶樹、茶香。

范 **您覺得在這種充滿茶香的環境中成長對您有什麼影響？**

李 這樣的成長環境讓我覺得茶就是生活的一部分，每天喝茶，身體與茶分不開了，喝茶和吃飯一樣，是每天必須做的事。工作或做事告一個段落時，就想要喝杯茶，提提神。我每天至少要喝上四壺像這麼大的壺（大約 900cc）。我喝茶不喝透不行，從小就是這樣。小時候母親每天都會沏茶給我們喝，所以喝茶是件很平常的事。另外，我對社會、自然環境是比較敏感的，像我現在回家鄉去，喜歡考察那裡的

環境和文化狀況。我覺得，現在為了追求物質的享受，對環境破壞得很厲害，像為了根雕藝術而將很好的古樹或一些很不容易成長的大樹都挖起來，這就是很糟糕的事。你賣一棵樹才多少錢，可是，要種一棵樹要花多少年的時間和成本啊，這種價值是很不成比例的。只為了一點錢就把環境給破壞了，多可惜！

我們中國人是很浪費的民族，其實我們可以提倡簡樸的生活，東西可用就行了，為什麼一定要蒐集稀奇古怪的東西過生活，雖然不一定要像日本提倡的那樣極簡——把禪宗行為化了。我看我們的民族，如果真的是溫良恭儉讓的民族，當我們做茶的傳播，任何一個禪院都做簡樸這樣的傳播時，他是會清醒觀察的，這個觀察的行為是會帶來很多效應的。所以，我對自然的環境遭到破壞感到很難過，我們一直要把美好的環境變成一個旅遊點，大家開始說要改革、要綠色環保，但這是假的，是概念的，這個綠色完全沒有人去考證監督。我對這些外在的事物感受比較深，我就是觀察、批評、叛逆，總之我就是比較敏感吧。

范 **您比較敏感，跟小時候成長在茶鄉有沒有關係？因爲茶的香氣、滋味，是需要敏銳的感覺才能體會到的。**

李 有關係，身體器官的敏感度和成長環境是有關係的，我的老師的茶如果沒有保存好，我一喝就能感覺得出來。現在的人為了能喝到新鮮的茶，用真空包裝之類的，其實，這樣對茶不一定有幫助，畢竟這些是不自然的，現在還提倡做茶用空調，地上牆上都用瓷磚，我覺得這些只是增加了生活的負擔，是不健康的。過去做茶，是在自然的環境下完成的，茶葉是舒展的，兩者是不一樣的。現在安溪縣就有十幾萬人在做茶，上百萬人是在從事茶經濟或在茶山上種茶，幾乎整個安溪的人是靠茶生活的，沒有百分之百，也有百分之八十。

范　**這個現象您認爲是好還是不好？**

李　我認為就經濟改革來講是可以的，但是，我們的國家在教育這一部分，可以說是本末倒置，在文化斷層之後，人的文化素質普遍不夠高，很多地方需要在教育上加強，當然，中國是泱泱大國，好的方面還是有的，可是，我們目前最需要的是文化的梳理，不是流於形式上和表面上的東西，這種人文方面真正的梳理，真正的到位，需要化繁為簡，實實在在的去做，把中國幾千年來優美的傳統文化傳承下去，我們應該在這一方面努力。傳統有什麼不好呢？傳統是經過幾千年留下來的經典的東西，您說不好嗎？我認為任何做文化行業的人，都是一個小棋子，是一個導遊，也就是所謂精神的導遊，人類文明的導遊。一個文明的古國，它是很累贅的，背負的東西太多，所以要化繁為簡。

我國在經濟快速發展之後，人們開始迷失精神，這時候就需要像范先生您這樣的人站出來，或者是我們這樣的人站出來引導，大家才會清醒。像我們買這個產品，台灣瓷，是

個文化產品，大家都知道，十年前我們買這個東西很貴，現在到處都是，一個東西普及了以後，每個家庭都知道功夫茶是什麼。但是，人應該回來清醒一點。台灣茶藝館是70年代興起的，慢慢的，在台灣的茶也發展到極限，它必須向海外、向大陸來輸出，來拓展生意上的市場。而大陸這邊的茶文化復興，可能現在機會來了，否則，也不可能百花齊放似的，各地方的茶書、茶產品在馬連道茶城都有。范老師您各處跑您都知道，而且聽說當初聞香杯、品茗杯是您帶過來的，這些實際上對大陸茶藝的發展影響很大，這是大家都看得到的，這是一種微效應，是潛在的。像現在德國人、美國人都在問，您有沒有聞香杯？有沒有品茗杯？有沒有台灣凍頂茶？這些事實是擺在眼前的，這就好像是某個人在很多年以前做了一種心血的耕耘，心理上的一種凝聚伸展之後，才有今天這種蓬勃情形，包括帶來福建地方的茶經濟發展。最早在50、60年代，北京有百分之六十的人喝高末茶，就是所謂的香片，是福建人在當地製作的。所謂閩南人，其實包括了閩東、閩北、閩西四部分。其中，閩北和閩東是最多人在北京做花茶的，百分之六十是由這些人在做花茶。到了90年代初，台灣人在北京開創五福茶藝館，一時之間台灣茶藝盛行，台灣茶葉也賣得很貴。我還記得我上大學的時候，買了一套台灣茶具，一套聞香杯，在當時是很貴的，但是我還是很高興，放在那我就覺得是很有感覺的東西，它雖然只是個器皿，不管它是喝功夫茶的還是別的什麼，它再小，也好像是有一種象徵性、一種精神的感覺在裡面似的。

我談談我喝茶吧，喝茶的感覺是，這個文化使命不是我能擔當的，不過，我年輕，我有一點能力，或者我願意去傳達這種東西，它是代表一種思想，一種經驗，喝茶也是一種精神上的經驗，我願意拿這個東西非常坦誠的來交流，在純粹的茶藝之後，我們可以談生死，談臨終關懷，什麼都可以談，這是非常有意思的。我就是帶著這樣的心態來做茶的。我出自一個宗教的家庭，是一個有三代基督教信仰的家庭，再加上我是在農村長大，還有一點野性，另外我又從事藝術的工作，我們家也是個藝術家庭，能歌善舞，才藝很多，所以我的嗅覺、感覺是很發達的，這種發達也形成了我比較多元化的性格，能有這個性格也要感謝老天爺。我在北京十年，我覺得我身上有很多寶貝，我在北京遊覽了很多寺廟以及和茶有關的地方，我很喜歡北京，北京是一個人文的大舞台，可以讓你和很多人在很多場所進行交流，這個城市提供了這麼大的空間，可不是每一個地方都能有的條件。

范 **您當時來北京是學電視的，電視是很新的科技，是比較現代的行業，但您學習完成後，並沒有往電視這一行發展，反而是從事茶業、茶藝，這類都是屬於比較古老的行業，這是為什麼呢？**

李 我上大學的時候，買了一本茶文化的書叫《煮泉小品》，這本書第一次打開了我對茶的認識。我家鄉雖然產茶，但是我從來沒有看過一本關於茶文化的書。也許是我

當時太小，不曾去關注這些，也許是有時候人在其中，卻感覺不到，當距離拉遠了，才會發現。另外我上大學的時候，我父親時常寄來上好的鐵觀音給我喝，我接到茶之後，經常請教授來品嚐，也常有日本的同學慕名而來。喝茶是件很好的事情，有一次一位日本女同學叫小田秀美，她請我到留學生公寓去喝茶，我也和平常一樣帶著一小罐茶葉過去，她很小心地拿出這小罐茶，把它整理乾淨，然後又很小心地放入壺裡沖泡，室內的燈光也調得很好，讓人感覺很舒適，這種氣氛，讓我傻了眼，我第一次看日本人泡茶，他們喝茶居然是那麼的認真，連家常的普通茶葉，也是那麼的尊重，讓我很受震撼。另外還有韓國的尼姑，她們也經常來喝茶，穿著寺廟裡的制服，很潔淨、莊重，不像我們這裡的一些客人，比如一些學生，就常說這麼小的杯怎麼喝呀，您怎麼不用大一點的呢！大部分中國人喝茶，還沒有人家那樣的意識，我認為這並不是文化不同的關係，而是因為在講究喝茶的環境氛圍方面，我們中國人是開始比較晚的。自從體驗了日本、韓國的飲茶之後，對我的衝擊很大，我就開始找很多茶文化方面的書來看，從中看到清茶活水等等一些很有意思的東西。茶藝有如音樂一樣，我也開始揣摩這些喝茶的禮節規距，像我這經常帶著茶碗喝自由茶的人，覺得功夫茶沒有什麼。我當初在電視台工作的那段時間，覺得很悶就離開了，還是過自由自在的生活慣了，我父親那時還不知道我已經離開電視台了。之後，我開始做茶道會，把本來禪宗或我們中國人的魏晉風骨、唐宋雅韻、在我們血液裡流淌的，都把它拿出來再創造，比如我想創造一套茶禮，男人喝茶跟女人喝茶的碗不同，我發現用黑色的碗喝綠茶特別的美。茶具創作出來後，我會做一個禮盒，在茶道會中，請音樂家、書法家一起參與，還會請建築師、設計師來佈置，讓所有人的才華，在一個茶道會中都表現出來。這些藝術家，原來的東西展覽出來的時候是死的，例如我們去看書法，看那些展覽，都是沒有什麼感觸的，我們只能看到他本身的技法，但是，當我們把這些作品和茶結合起來，就成為了活的、有機的藝術。

我的理想是做「茶道會」，過去已經做過很多次，最大場面的茶會曾達到200人，最小的茶道會只有5、6人，在山水間喝茶，也就是在野外與山水間。像我曾經在錢塘江的源頭，開化龍頂的地方喝茶，在那裡，水好、茶好、環境好，這類茶會喝茶完全是自由的，經濟的來源不是直接從茶會中得來，而是靠自己的禮品盒所賺來的錢支持。

范 **您第一次辦茶會是什麼時候開始的？**

李 是從1999年設計博物館的那一次開始。有好多人在那裡展覽平面設計，樓下有一個空間，提供給行為藝術家做東西，我當時做的是茶藝，懵懵懂懂的，主持人是我中央台的小妹妹，還有一個歐洲的小女孩幫我做翻譯，一個學茶藝的男生在那裡教茶，跟我一樣，都是一身白色的衣服，顯

得特別乾淨。我負責講茶，放一些家鄉的錄影帶，山水的茶葉，一點父親教的茶藝。我還辦一個筆會，請一些書法家朋友在一個長條的桌子上揮毫作畫，用一把小提琴做背景音樂。我請了很多人來，有大使館的人，還有我自己的同學，當時這樣的茶會還是挺少見的，做過之後很多人都印象深刻。

范 **您每次的茶會都有不同的名稱，那次的茶會是什麼名？**

李 那次的名是「橋影說茶」。

范 **請您具體的談談茶道會的理念是什麼？每次茶會的時間大約多久？**

李 一般是兩個小時，最長的一次是「中秋茶會」，用了差不多四個小時。將來我打算以「山水茶道」為主題來開展，山水茶道是我的概念，找一些藝術家來配合。過去我是一個自由茶人，將來我自己勢必要有一個茶館。三年前我創立「橋影」這個小茶坊，雖然很小，只有20幾平米，但是，我完全按照茶道的東西來設計，枯木山水，風花雪月，全部都收進來了，我很相信風水，所以我的門窗是透明的，可以看到外面草木的生長，有魚池、有噴泉，是活的，底下有燈，是很現代化的，這就是21世紀茶道的概念。其實生命也不都是無常的，千利休的茶道方式我們引用進來了，我們想嚴格的做到茶道的要求，但是只做到了百分之七十。我們經常找些朋友來談禪、談夢、談茶道，其實所有的元素都是有淵源的，像我喜歡潔淨的石頭，跟我從小就在鵝卵石的地方長大，都是有關係的。

這個時代是沒有禮儀的時代，連精神上的形式都缺乏，很多學者也隱遁在學院裡不出來。其實心靈的儀式在我們這些 70 年代出生的孩子身上是有的，但是，卻沒有一個適當的方式可以讓它表現出來，對於傳統的孝敬父母、愛護孩子這些東西還是有，但是，宗教儀式、心靈儀式卻一直都很缺乏，我們也不教，不從教育本身來培養，但是我們至少可以喝點茶吧，這是很潔淨的東西，上天賜予的芳香，我們要善待自己，不要只為了肚子，要減少一點物質的，而增加一點潔淨的尊重。

范 **您談這些很有意思，很深入，您說的心靈儀式很重要，至於行爲、肢體的儀式您認爲如何？**

李 我對於現在有些裝模作樣的點茶方式是不贊同的，我認為應該刪繁就簡，西方人可以將很浪漫的、很神話的東西變得很具體，同樣是一座建築，他們做得比我們好，中國人卻往往是把東西撕裂開來。在肢體儀式方面，我還是認為太生硬了，尤其看了南昌女子學校做禪茶的茶藝表演，感覺實在太可怕了，還不如印度女孩跳舞呢，我覺得這是有問題的。比如我們做禪院茶，最好還是把真性拿出來，源於這個基礎，我們可以做很多事情，我想，由河北趙州禪師那裡的柏林禪寺來做應該最好。

說到關鍵的地方，所謂的審美權威、禪宗權威、文化權威這幫人，他們到底在做什麼呢？做偶像嗎？這是非常可怕的，也不知為什麼會這樣。我們要拋棄他們的偶像形象，其實根本沒有什麼偶像，也沒有真正的大師，道理很簡單，就是那麼一點東西，沒有創造性的東西，更何況精神文化是沒有方向的。

有些藝術家想急於成名，想樹立一種權威，就像我們說那一個茶道師很頑固，他想把自己當偶像，當權威，他不想去做真正有意思的事，這就有問題了，因為他沒有信仰，沒有信念，沒有愛。有愛的人不會想成為權威的，所以我講這個假權威，這種人是不會實地的去做什麼有意義的活動的。

我認為人的綜合素質非常重要，他的內涵、他的心性、他的文化，內涵宗教傳承，我們太缺乏這種真正和善知識的傳播了！我們要一個茶會，有個茶藝比賽，您拿出什麼本事來比賽，來表現呀！我認為這是很關鍵的問題。

我們的生活從來沒有人來指導我們，沒有精神的導師，也沒有真正精神的方向、精神的娛樂，在精神的層面上真正的傳達給我們這些人，不然就是說，自我修身養性吧！無為而無不為！

范 **您做橋影茶坊是哪一年？之前您是做什麼？**

李 橋影是2000年開始，之前是在中央電視台，1998年在電視台工作一年，1999做一年自由茶人。

范 **您爲什麼會從事茶的包裝禮盒這一行？**

李 我會做茶禮盒是因為我和我男友兩人，認為我們的茶坊太小，而我們必須要靠這個來生活。問題是我們要這麼來生存，茶坊那麼小，還能怎麼樣，所以就想到去開發禮盒，母親節、父親節禮盒，春節的禮盒等等。像「臉譜」那套禮盒，在中秋節就賣了30多萬套，還有「梅、蘭、竹、菊」那一套也賣得很好，這三年來，這兩套禮盒給我們帶來不少財富。

范 **您未來有什麼計劃？**

李 我還是做我的茶道會，茶葉禮盒、包裝也還是會做，其他的像茶文化的交流活動等等，有機會我也會做。

范 **您認爲茶藝的未來發展如何？**

李 我認為手工業者會越來越好，創造性的產品會引導潮流，而模仿的贗品會越來越蕭條。無論哪一個行業，它的服飾、方式都會越來越創新，我是對未來抱著很樂觀的態度的，我認為這樣的趨勢會慢慢呈現出來。因為大家已經經歷過了混亂、盲從的階段了。

范 **您是說將來是以感覺來取勝的，不是完全以茶來取勝，是以人文的場所的空間感覺、氣氛來吸引人的？**

**李** 是的，開茶藝館不是任何人都可以做的事，需要有信念的人，心性純潔的人，開明的人。精神創造者，才能做文化餐飲的行業。簡裝修、重裝飾、有文化品味的空間，才是茶藝館的方向。

# 侯　軍

## 有使命感的茶人
## ——談現代化浪潮下的茶文化

侯軍先生，天津人，現任深圳報業集團副總編輯，深圳大學兼職教授，深圳美術館客座研究員。

認識侯軍先生的確切時間已經記不得了！大概是1992年在湖南常德的時候吧！我總認為已經認識很久了！很久了！是老朋友了！經常在有意無意間會想起他。在2003年我決定完成《中華茶人採訪錄》的撰寫工作時，侯軍就是我首先考慮要採訪的茶人之一。雖然我擁有他的聯絡地址是天津老家的，但是在2000年的時候，我們曾在廣州又碰面，當時他遞給我的名片是深圳商報副總編輯的頭銜。2002年的時候吧！因出差不在台北，我的電話留言上，侯軍到了台灣，待我回來後，即刻依留言上的電話回覆時，侯軍已經離開，當時，我即有遺憾的感覺。

2004年春，我訪深圳時，即以電話聯絡侯軍，卻得到電話不對的回覆，正在失望之餘，有位也是新聞界工作的茶人朋友，即透過多種管道幫我打聽，幾經波折，經過輾轉的協助，才知道了他新的電話號碼，聯絡結果他人卻遠在蘭州，還有幾天的工作，未能即刻見面，我也只能在深圳待二天。因此，這次也沒有辦法見到面了，但，我總是掛記著這位茶人朋友。2004年11月2日我再次到了深圳之後，立刻聯絡上侯軍，並約定見面時間，於11月3日晚上，他來我住宿的景田大酒店接我，我們到一家頗有人文氣息的紫苑茶藝館，我即時採訪了他。

*　　*　　*　　*　　*

**范　請教侯軍兄，您是怎麼樣和茶結的緣，怎麼樣會喜歡上茶？**

侯　這個故事可從兩方面來說，一方面是怎麼喝上茶；一方面是怎麼樣研究茶。這是兩個存在的問題。先說我怎麼喝上茶，我們北方不產茶，天津不但不產茶，它也不是茶風很盛的地方，但它是茶葉銷售很多，茶葉在天津加工後再銷售到東北去，所以是茶文化很發達的地方。我從小就喝大碗茶，大碗茶是北方的花茶，不講究。甚至我小時候不怎麼喝茶，真正與茶結緣是我在報社工作上夜班的時候，半夜打瞌睡，不行了！有位老編輯，他就泡缸濃茶喝，我問他這是怎麼回事呀！他說可以提神，我就試試，還管事，我就這樣喝了，從此每天就泡大半缸的濃茶來提神，這也是我簡單的與茶結緣。不過，此時的與茶結緣，還只停留在利用其本身的生物功能上。

要說對茶有所感悟，從形而下走向形而上；逐漸從外在形態的生物功能轉向思考茶的內在本質和文化精神，就要回到九十年代初，一個偶然的機會，當時的領導惠公先生給我分配了一個題目，讓我寫一組有關茶話類的文字。惠公懂得喝茶，在此前已寫了一些茶話，很受關注。可能是他太忙了，抽不出時間完成這件雅事，而報紙又需要這類文字來滿足讀者，於是就想起我也愛喝茶，索性就把這個差事派給了我。我對這個任務當然是欣然接受的。現在想起來可能有兩個原因：一是因為隨著我的「茶齡」的增長，確實對茶產生了比較濃厚的興趣；二是因為我當時正醉心於中國傳統藝術，特別是書畫藝術，而「琴棋書畫詩酒茶」作為古代文人的七件雅事，彼此是密不可分的。由茶而入詩、入畫，豈不正是「歪打正著」嗎？記得當時我可是下了一陣功夫的，翻了許多書，買了許多茶，更要緊的是，開始思考一些與茶相關的問題。如果說此前的喝茶，重點是喝，那麼此後喝的茶，便增加了一些「品」的意味了。

說起搞茶文化，我可以揭開一個小秘密，您知道，80年代末期，日本裡千家在天津建了兩個茶道館，一個是天津商學院，另一個設在南開大學東方藝術系裡。為何有此計劃，其來有自。當時裡千家當代家元千宗室在南開大學拿了個博士，他和開南大學的一個畫家，范曾是多年好友，范曾介紹千宗室到南開大學來，因范曾在東方藝術系授課，於是就在系裡建了一個茶室，後來又在天津商學院建一個茶室。千宗室為了建這個茶室，在1986年來到了天津做考察，我跟范曾是好朋友，當時，我是天津日報政教部主任，因為報導了這件事，而一路陪著他，這位老先生是很講禮節的，直到行程即將結束，才開心起來，也放鬆了。最後由范曾做東，為他洗塵，並邀請所有為他服務的人員一起吃飯，我也在受邀之內，當時千宗室因為喝了一點酒，而慷慨激昂地說了一些話，他的翻譯剛好坐在我旁邊，是個天津人，也是南開大學的學生，我請他給我翻譯，但他堅持不肯，我一直百思不解，散會以後，就把翻譯叫過來了，千宗室到底說了些什麼呢？而且還慷慨激昂地說了一大堆。翻譯這時才說了，大概的意思是：我們裡千家為什麼要在天津建兩座茶道館，還在兩個大學建茶道館呢？我們是有戰略考慮的，一個是要找中國茶文化最薄弱的環節來弘揚我們日本茶道文化，天津就是這個薄弱的環節。然後，又為什麼在這兩個大學裡建茶道館，一個是綜合大學，一個是專業大學，這是培養我們自己的人才，來弘揚日本的茶道。我當時聽了心裡很不是滋味，我們天津薄弱嗎？想想，也確實是薄弱，不能怪人家說錯了！沒有人針對「天津人不怎麼喝茶」做研究，千宗室的東西也許很容易的登陸，也許會很成功，我不知道，但是，我也因此發下一個宏願，他說我們薄弱，我們就薄弱嗎？我要研究這個事，研究茶文化，一種使命感，正如范先生您所說的。還有一個就是我們報社來了客人，想喝茶，好像就是台灣人，我被奉命陪同，轉了，轉了，找遍了天津市區，就是找不到一個茶館，我只好告訴他沒有茶館，您要想喝茶，我找個地方買點茶，現泡來喝。沒有茶館，這給人很狼狽。他說：我看到報導了，說北京有個「老舍茶館」。那時老舍茶館剛剛開幕，我說那是在北京，我們天津沒有，如果要想喝茶，我們到北京去的時候再說。後來改由別人陪他去北京喝茶了。其實那人不是為了喝茶，是為考察茶館這件事而來的。這些事情的確讓我感到我們中國茶文化是很薄弱，經過文化大革命的十年，把我們的茶文化脈都斷了！把生活的習慣都改變掉了！所以，引起我思考這個事，琢磨這個事。

還有一個近因，就是我把這件事告訴了我們報社的同事，當時我們的總編輯朱其華先生，筆名叫惠公，他是我們天津日報的總編輯，也是文化人，當了20年右派，回來了以後，我就把這個感慨告訴他了，那年夏天，他就開了一個欄目，叫「惠公茶話」，寫了幾篇以後，沒時間寫，就叫我接著寫，我於是開了一個專欄叫「茶詩話」，寫了30多篇。當時我用的筆名叫「白春」，因我母親姓白。這就發生了一件很有趣的事，有位名叫「寇丹」的讀者經天津音樂學院的同志轉來一封信，要求寄贈這個專欄的其中幾篇，他說，他每期都留著，獨缺這幾篇希望我能給他補齊。一個寫文章的人，能知道有人喜歡自己的文章，自然是非常高興的。可是，給不給人家回信，當時是感到猶疑的。憑直覺，這個署名「寇丹」的，應該是一個小姐，理由很簡單，所謂女孩子染指甲的油，就叫「寇丹」。以這個取名的，自然是小姐。我對小姑娘的來信，一向有點警覺，因為有過一、二次教訓。所以，十幾天過去了，我還沒有拿定主意。有一天，音樂學院的那位副院長同志打了電話過來說：「轉給您的信已經十幾天了，人家在等著您的回信呢？」我說：「我還沒找全，請寇丹小姐再等一等……」「您說什麼？什麼小姐？」「就是您轉信的寇丹小姐呀……」「哈哈哈……真是亂彈琴，誰告訴您寇丹是小姐呀？人家是個先生，一位老先生，在我們家鄉浙江湖州，是茶文化的專家！」

後來，我把這件趣事講給寇丹先生聽，他淡淡地一笑，說這已經不是新鮮事了。這是我寫「茶詩話」專欄引來的一件趣事。

有位英國詩人曾說：「如果我生活在一個沒有茶的時代，我不敢想像，不可想像的。」我不禁要自問，如果我到深圳的時候，不懂得喝茶的話，真不知道會怎麼樣，我也希望把這個體會傳播給所有的茶人。在您心情浮躁的時候，社會盲動、煩躁甚囂塵上的時候，茶裡充滿虛無恬淡，和、敬、清、寂，喝上一杯茶會讓您的心情平靜下來，也能交到心靈的朋友。茶真的是您心靈的安慰劑，心靈的清心劑。它給您帶來的好處，真的是不可言喻，尤其是到了深圳以後才深深地感覺到茶的人生重要。這也是我在天津的時候所沒有的，真的是這樣，人生有茶做伴侶，您遇到什麼驚濤駭浪都不怕；有杯茶墊底，有什麼風浪、浮躁的、急功近利的，您都可以找到歸宿，心裡有一個可以安寢的家園，這是我非常深刻的感受。

另外，我也是在深圳這樣一個環境下，感覺到我們的社會正在轉型。現代化就像一支不可阻擋的力量向我們迎面而來，怎麼樣做，才能保持自己固有的傳統文化，而不會被現代化的大潮給沖沒，非常重要的一點是找到物質載體，而茶文化，茶這個本身就是保持東方文化非常好的物質載体，不知道我表達的是不是很切實。

舉凡所有的國家，第三世界也好，發達的國家也好，在走向現代化的時候不可避免的都會鄙視自己的弱勢文化，尤

其是那些本來就不是很強勢的文化，更會蕩盡一切，一切都以西方的文化為標準、為尺度，主張現代化的要求才是主流。在這點上，日本和台灣就做得比較好。記得大概是您講的吧！在70年代的時候，台灣也面臨到要可口可樂還是茶的討論，結果大家選擇了要茶。這個決定，整個社會就有了定調，傳統文化得到了保持，人的精神也得到了一種寧靜。如果，當時大家選擇可口可樂，那就沒有日本的茶道，沒有台灣的茶藝了，對嗎？因此，這些對我有很大的影響，我也不禁有了思考，在現代化過程中，保持中國文化的傳統是很重要的，是一件大工程。在這個大工程當中，弘揚茶文化是件非常重要的，是一個文化人實踐您文化使命的，文化托命的、重要的、可以參與的事。咱們有時候想要有使命感，還找不著一個怎麼來從事的事。當年，王國維跳湖自殺，只因為他找不到一個文化托命的地方，他象徵了一種文化瀕臨絕望卻無所寄托的現象。所以，找到一個可以實現文化理想的，保持他自己喜愛的文化的延續方式，對一個文化人來說，這是很重要的，這是心靈上的一種東西。這是我到深圳來之後，感覺特別深刻。深圳是一個走向現代化的城市，每天都在變，它把別人走幾十年的事濃縮在10年、20年全辦了，這樣的城市發展，這樣的對人的心靈擠壓，我就深深的感覺茶對我的影響太大。所以，現在呢，與其說是宣傳茶文化，不如說為茶文化辦事，我不敢說得這麼高，我只是把自己的體會告訴大家，這是一個好的偏方，是一個好的良藥，是曾經治過我的病，現在大家也許會感受到這個矛盾的時候，我告訴大家，茶不僅可以止渴，也可以療饑；不僅可以對您生理的健康有好處，對您的心靈也有好處，是治療您心靈疾患的良藥。為什麼老是說我對茶文化情難捨呢？我是做報紙的，我的主業也不是這個，不像您以這個大志為使命，我純粹永遠是票友，我知道我永遠進入不了主流，也沒有打算要進入主流。但為什麼我對茶的事也熱心地來做呢？它帶有一股現身說法的意義，我把從茶得到的感受，得到的益處傳播給大家，讓大家也能從茶得到好處，這樣也算是造福大家，造福我的同僚，都是好朋友，我讓大家都喝茶，凡是跟我接觸深的人都喝茶了！我跟他們成天鼓吹！他們沒辦法不喝茶，我覺得這也是蠻好的。

至於說到以茶悟道呀！比較深入的文化思考問題，那都是積累的東西，積累到一定程度不是三、兩句話就能夠把茶文化說清楚，有許多民族性格和文化符號的意義在裡面，這樣才由淺入深來思考這個問題。我談「以茶悟道」主要分三大塊，第一大塊是茶文化和儒家，道家和禪宗的關係；第二大塊說的是茶和酒的區別，酒是烈漢，茶是少女，把它們整個全都對比，很好玩。第三大塊談的是茶裡所滲透的中國的天人合一思想，台灣有名的學者錢穆先生在臨終前所講的：「天人合一是中國文化對世界人類未來求生存的貢獻。」這思想其實也是中國人和西方人最大的區別所在，西方人的思想把天與人分為兩個世界，上帝管著您，彼此之間完全不是

一回事。中國人則認為天人是合一，把天上的東西和人的東西完全渾為一體，這種思維方式在茶裡完全體現了！這些思考是更深一點的，茶文化裡的內涵，您說淺，就是淺的，您說深，是無底洞，我愈來愈感覺到，茶文化是學習中國傳統文化的方便法門。當然，您只靠這個來了解中國文化還是不夠的，但是，這是一個路徑，是一條捷徑，從這個路徑進去，曲徑通幽，突然發現柳暗花明，突然發現它們所有都連繫，上層社會文人雅士的「琴棋書畫詩酒茶」和老百姓生活上的開門七件事「柴米油鹽醬醋茶」，它們之間正好是一個連結點，使茶在雅文化和俗文化中都佔據了一席之地，在雅文化和俗文化兩個層面之中相互交融，這是兩者之間最大的通識；使文人雅事多幾分民間情懷；而老百姓的生活多幾分文人雅趣。

**范** **您到深圳 11 年了，您看現在深圳的茶文化是怎麼樣？**

**侯** 現在深圳的茶文化，廣義的來說，是比過去發達多了！首先是茶業發達多了。茶館到處林立，當中分為幾大類型的：一類是屬於純營業性的；還有一類是它的文化研究與它的營業緊密服務；另一類是，業者在別的方面賺了很多錢，不指望茶館賺錢，開茶館純粹是以茶會友，接待朋友的，醉翁之意不在「茶」，他過去總是到別人的茶館去消費，不如自己開一家茶館來享受，這類茶館的文化氛圍較重些，但最後都會生存了下來；反而，是那些開始時，人氣很旺，裡面讓人打打牌，下下棋，麻將一桌桌的茶館，現在都不存在了！這類茶館出入較複雜，常常這個糾紛、那個糾紛，層出不窮的，實在很難生存下去，現在就很少了！所以，看起來還是文化的生命度長。

范 **您離開天津10多年，現在還經常回去嗎？您對天津那邊的茶文化的狀況看法如何？**

侯 一年總要回去二、三次，我母親還住在那兒。最近天津還不錯，天津對茶文化有它自己的基礎，有它自己隨文化的規劃。天津的茶人有一種緊迫感，有一種對於真正茶文化求師若渴的感覺，他們急於想回到當年文化輝煌的時代，茶文化在天津本來是落後的，這幾年有一種非常強的意識，也有想在大學裡辦茶藝的課程，這讓我感覺天津的茶文化後勁很可觀。

范 **您能不能爲茶人下一個定義？怎麼樣的人才能叫「茶人」？茶人需要具備什麼條件，茶人需要有什麼責任或使命？**

侯 茶人應該懂得喝茶，懂茶文化，這是起碼的條件。但，絕不僅僅限於此，茶人應該被茶化的人，文化的化，就是說他身上應該滲透了茶的精神，骨骼裡有清心、淡泊、從容的，雅致的情懷。

茶是東方的瑞草，中華的靈芽，那他應該是滲透了中華的精神，東方氣質的這樣的一個人；茶本身從來不自守的，它把所有的香氣也好，甘味也好，奉獻給別人的；它是要把

自己的文化素養、文化氣質、文化清香，發散給社會，這樣的一批人。所以，我說的「茶化」是這麼的單純。您要把您平常的接人待物，言談舉止，自然而然的影響周圍的人，讓茶化人，讓人間充滿茶的精神，讓世界安寧，人們心裡安靜。

茶人應該是淡泊功名，心裡要有恆定的標準，您不能跟雜草一樣，您的標準應該比較高的；但，他又不能爭寵於一時，不能像其他的花，香氣很濃豔；他是淡雅、清素的，這種氣質的人，才能叫真正的茶人。我認為要達到這個境界很難，我自己覺得還差得很遠，正在努力當中，也許要到您這種年齡，現在還不及您的十分之一。

范 **您對人生的看法如何？**

侯 這是不是太大了一點。我想做一個好人是起碼的，做一個懂茶的好人，如果能做一個茶人，就是說能夠用您的隻手知識、您的素養、氣質來影響社會，感化社會，來幫助別人，那就更高了。我這個人不是專業的茶人，只是票友，沒資格下海，但總願在海邊溜溜。在茶文化方面，我也是票友，我是屬於邊緣的東西。我覺得與茶做朋友，是自己人生的事，不用別人強迫，與茶做朋友，沒有想從茶當中得到好處，用它來掙錢嗎？用它來邀名嗎？這是不可能的，只因您喜歡它，崇敬茶的精神，才能夠終生與茶為伴。茶又和鴉片不一樣，鴉片具有強迫性，一但沾上了它，逼迫您不斷地親近它；茶就完全不一樣，茶也可以說讓您上癮，但這種癮不一樣，完全是您自覺自願的，它不是說帶有強制性的，您可以不喝。煙是不一樣的，酒都不一樣、酒還有癮，茶完全靠的一種魅力來吸引您。

中國的文化人，生在這個時代是很痛苦的，我們算是幸運的，趕上中國大陸快速的走上現代化，是好事，這麼多年，可以說國富民強了，這可以說是幾代人的願望。但，我們這一代人又必須面對著強大的現代化潮流沖刷而來，舖天蓋地而來，席捲而來的是一種猝不及防的失落感，您會發現過去狎愛的東西、觀念又沒了！生命當中認為很重要的東西，有文化的、寶貴的財富，忽然之間一文不值了，或者，忽然一天您要找個東西都找不著了。我有一次回到天津，忽然發現老城裡的房子都沒有，全都拆光了！您說這種痛苦，在早一代的人他們都不會有的，當然，本世紀初那最敏感的文化人會感到亙古未有的大劇變的痛苦，大部分的人是不會感受到的；我們現在是普遍的感受到這種壓力。我有時候感到挺孤獨的，偶爾想快點現代化，快點坐上汽車，快點住上洋房。但是，我還是願意守著傳統的陣地，即使最後一寸土也要守著。因此，我覺得我們現在有一種使命，薪傳火炬的使命，這是很重要的，我們要把文化的種子帶到下一代，我們這一代還好辦，可以享受現代化的成果，一旦現代化沖刷過去，文化的種子沒了，過若干年，當這個社會發現很重要的東西要回頭來找，連種子都沒了。所以，我們需要一個薪



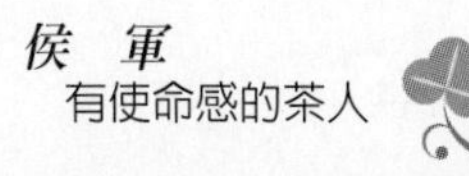

傳火炬的概念，讓它有一點延續，能延續多少算多少。

中國改革開放不過20多年，現在已經意識到了，發現中國文化很寶貴了，開始尋找，保存一些傳統的東西，這些人都是比較有文化水平的人，有人到處去尋找老東西，當您有一天需要這些東西的時候，他那兒就有。其實我們這一代的文化人內心裡是很痛苦的，但您定下了使命去完成了，那是一件很光榮的事。您不做，誰做呀！茶文化也是這樣呀！我們不僅僅要弘揚茶，還要發揚光大，不光是要繼承，還要把它發揚光大，讓它能夠成為社會的一種主流吧！

我特別贊成您的觀點，我跟陳文華是有爭議的，我是堅決反對茶藝表演的。我不贊成茶文化是一種表演藝術，茶藝表演不等於茶文化，如果把茶文化當作表演藝術的話，您到戲劇學院去，到表演的演藝學院去，根本不必搞茶文化，它的最終目的是要放棄表演，如果我們要達到「非表演化」、「去表演化」，開始表演是過程，讓不懂茶的人坐在那邊，引起他的興趣，喝點茶，然後跟他講道，跟他講文化，從表演入，但目的是要從表演出。所以，我說，當太太或是女兒在有客人來的時候都能以一種高雅的、平和的、具有「天人合一」意味的心態，為客人泡茶的時候，那茶藝館裡面的表演還有存在的必要嗎？並不是說遍地有茶藝表演就叫作茶文化，這是不對的。

**范** **您平常工作很忙，您如何享受茶藝生活，在喝茶的歷程上有沒有一些轉變？**

侯 這是沒辦法的事，我沒有時間很優雅的去泡茶，時間、空間都不允許，但我是大量的喝茶。夏天要多喝茶，喝綠茶；冬天有時間到茶館、茶坊坐坐，喝普洱茶；有時候家鄉來了客人，我準備了一些上好的花茶，在花香當中才能回到家鄉的感覺，我們家是茶客不斷。

我是比較寬容，什麼茶都喝，不多品嚐各式茶，哪能知道茶的個性呢？

范 **謝謝您接受採訪。**

# 范永齊

## 經濟發展總公司董事長
## ——談洞庭碧螺春和蘇州茶文化

范永齊先生，漢族，江蘇省蘇州市人。大學念的是化工，現在是經濟技術發展總公司的董事長、總經理。從事的雖然是經濟，但是，范總對文化的關注和素養從來就是深沈的、高品味的，尤其是茶文化和范仲淹的思想。

范仲淹在蘇州市天平山的府邸是我和范永齊常去的地方，仰望那裡的牌坊、山勢，往往是我們激勵自己，尚法前人的標竿。永齊具有悲天憫人的胸懷，心存感恩，為社會、為國家盡心盡力做貢獻的抱負。

認識永齊是1989年，紀念范仲淹千歲誕辰的節日上，彼此對弘揚范仲淹「先天下之憂而憂，後天下之樂而樂」的思想都有相同的懷抱；而蘇州又是中國十大名茶洞庭碧螺春的產地，我為了多認識這個名茶，常到蘇州，而永齊總是在繁忙的工作之餘，利用假日陪我到洞庭西山、洞庭東山，走訪了西山島、東山島的紫金庵、碧螺峰等各茶園，品飲綠茶，洞庭碧螺春貴在新鮮，但十幾二十年過去，回憶過去的種種，花香果味的碧螺春茶的芬芳，似乎雋永常存，愈陳愈香。2004年9月9日

*　*　*　*　*

**范　請您談談您的成長過程和工作經歷、家庭狀況。**

齊　我於1952年9月16日出生在蘇州郊區農村，在父母的栽培下，讀到大學畢業。當時由於經濟條件差，上大學的人也少，本人靠親戚幫助及學校發放的助學金完成大學本

科學業。於78年8月參加工作。先在蘇州吳縣特種水泥廠，後到吳縣建材採礦工業公司當經理，再到吳縣人民政府駐北京辦事處當主任。自92年調動到吳縣（現改為吳中區）經濟開發區工作。目前任江蘇省蘇州市吳中區經濟技術發展總公司董事長、總經理。

家庭狀況方面，在青少年時期生活比較辛苦，改革開放後生活越來越好。目前家中共有四人，有兩套房，老人有養老金，妻子孩子都在工作，日子過的相當不錯。

范 **您認爲作一個茶人應該具備什麼條件？請您給「茶人」下一個定義。**

齊 做個茶人首先要具備有文化修養，及自身素質，心態平坦；其次要了解茶，熟悉茶，熱愛茶，同時必須明確在生活和工作中的意義。要說下個定義是否可以這樣講：要有文化，熱愛生活，追求事業，並能透過茶藝，來談生活，談工作，從中產生樂趣，從而促進生活質量的提高與工作事業的發展，才能稱得上「茶人」。

范 **您對目前的茶藝文化有什麼看法？**

齊 茶藝文化對我來說還講不出所以然，只是愛好喝茶。但從祖國中醫學歷來認為，科學飲茶除了宜溫、宜淡、宜少，切忌過燙、過濃、過多之外，還應以四季有別最佳的飲茶保健之道，即春飲花茶，夏飲綠茶，秋飲青茶（綠茶與紅茶的混合體），冬飲紅茶。我想這可能也是在茶藝文化的範

疇吧。

**范** **您平時如何享受茶藝生活？**

**齊** 我平時不喝酒，只喜歡喝茶，各種茶我都愛品嚐，平時喝的有台灣高山茶、烏龍茶，及當地碧螺春茶。在蘇州一般家庭普遍泡茶喝，有台灣及廣東客戶、朋友在一起時喝功夫茶。

**范** **您對人生的看法如何？**

**齊** 人的一生是短暫的，生活如何過得輕鬆愉快，事業上如何對國家、集體多作貢獻是我人生的追求。

**范** **您世居蘇州，請您介紹一下蘇州地區的飲茶習俗。**

**齊** 蘇州人都喜歡喝茶，並以綠茶為主。因為地產碧螺春、貢山茶、樹山茶、旺山茶等都為優質綠茶。老人們在清晨聚集一起邊喝茶、邊談天說地。上班時也有習慣泡一杯茶邊工作邊飲用。另有朋友聚會、商人洽談都喜歡到茶藝館進行。

**范** **中國十大名茶之一的碧螺春茶，出產在蘇州市的太湖洞庭山，請您談談蘇州人對碧螺春茶的看法，也就是說，碧螺春茶在蘇州當地人的心中是怎樣的情況？**

**齊** 碧螺春茶除有名外，色、香、味俱全。品味優質的碧螺春茶，是一種享受。在來茶季節，走訪親友，帶上一盒碧螺春是最受歡迎的禮品，作客時主人倒出一杯碧螺春茶是一種上等禮節。

范 **蘇州市是很古老的城市，也是很現代的城市，有新加坡科學園區、蘇州科學園區，電子業很發達，台商也很多，我看在蘇州也有不少台灣的茶。請問您，蘇州目前喝烏龍茶的人多不多？台灣的茶葉在蘇州是什麼情形？**

齊 改革開放以來，蘇州工業園區，蘇州高新區等開發區發展很快，經濟形式相當好，特別是台灣電子行業在蘇州的企業也非常多而興旺發達。在與台灣人交往中，還是喝烏龍茶的人居多，估計是習慣吧。蘇州目前除一些與廣東、福建、香港、台灣等人經常交往的朋友喝烏龍茶外，一般老百姓當然還是以喝碧螺春、炒青等綠茶為主。

范 **請您談一談蘇州市茶藝館的現況。**

齊 近幾年蘇州茶業已有相當發展，其中以茶藝館為主。以茶代酒，以茶會友為主要客源。原因是看上該地方環境優雅。入內的茶客一般具有一定的文化素質，不像酒樓大而燈紅酒綠，熱鬧不堪。但總體上看茶藝館氣氛遠遠不如飯店、酒樓興旺，只能點綴而已。

范 **您是企業的領導，接觸各國、各地區的人都不少，請問您這些外商對茶藝文化的看法如何？他們的飲茶狀況如何？**

**齊** 我大多數交往的客人是台灣、韓國、日本、新加坡等國家的人，喝茶最講究的還是台灣人。一坐下來，往往喝功夫茶，並能講出一套茶道的方法。其次是日本人、韓國人。

# 陳昌道

## 來自茶鄉的數學老師
## ——談下海創立御茶園事業

陳昌道先生，畢業於福建省的師範大學數學系，在擔任幾年的中學老師之後決定下海從事茶葉的生意，從最基層的茶葉銷售幹起，一步一步的開始自己的事業。1996年到北京打工，由於家鄉是茶葉產地，自己家裡是製茶的家庭，從小耳濡目染，因此就投入茶的行業，經過4年的市場磨鍊，2000年開始創業，自己是師範出身，又擔任過教師，對於改革開放後的茶葉市場失序的情況很憂心，自己有一種使命感，希望能為茶葉市場的調整做些貢獻。因此，積極以現代化的，科學化的方式來從事茶業。在短短不到4年的時間內就在北京開設了5家聯鎖店，並在福建家鄉建立了5000畝的茶園基地，建造製茶工廠，為將來的茶業事業打下了較堅實的基礎。

陳昌道先生為人忠厚，待人親切，做事踏實，這是認識他三年來的時間裡經過數次的接觸和了解所得到的印象。2004年2月16日，我到北京約訪了陳昌道先生。

*　　*　　*　　*　　*

**請問您原本是哪裡人？**

陳　我的老家是福建省壽寧縣斜灘鎮，和你們台灣的總統府資政何宜武是同鄉，他就是我這個地方的人。我從福建師範大學畢業以後，在我們斜灘鎮的壽寧第二中學，教了一年多的數學課，1996年到了北京。剛到北京的時候，就是給一些茶葉公司跑點業務，做茶葉推銷員。因為我們壽寧這個地方，本身就是坦洋功夫茶的原料原產地，我爺爺那一輩就是做坦洋功夫茶的，是個經營茶的貿易商，當時他把我們這裡生產的坦洋功夫茶，用船運到福州，跟日本人交易。另外我這裡還是老北京茉莉花茶的原料原產地，所以我們壽寧本身就是一個產茶之鄉。

我到北京之後，在一家茶葉公司擔任茶葉推銷員，做了兩年多近三年，後來就在馬連道的「京城茶葉第一街」開始了我自己的創業。其實我從小時候起，到我來北京之前，我一直在家裡都有從事茶的農活，比如茶樹的扦插、種茶、採茶、製茶，製茶方面是比較粗的毛茶製作。這些東西我都做過，因為剛剛改革開放的時候，家裡很窮，家裡所有人都要參與勞動，因為我們是茶農，我父親除了種一點水稻外，其餘的時間都是種茶，而且我父親在村裡當時是種茶最大的一個專業戶，所以說我們從小就都經常上山種茶，而且我們家離福建省茶葉研究所才二十多公里路，所以我們在茶苗上、種茶的技術上，都非常方便的得到他們的指導。因此我從小就有了茶方面的知識的累積，後來加上在北京兩三年跑市場的經驗，到了 2000 年 9 月，我就在京城茶葉一條街開始了自己的創業。

到了 2002 年底的時候，我在北京已經開了五家連鎖店。這時候我就回到老家壽寧縣，創辦了壽寧縣御茶園茶葉有限公司，工廠佔地 45 畝，有自己五千畝的茶園，受到政府的支持，目前已經評為寧德地區的農業龍頭企業了，最近

正在申報福建省的農業龍頭企業。

2003年10月，我在馬連道茶城的三層，開設了一家「御茶園精品超市」，佔地七百平方米，在這個超市中，我把全中國最好的茶，包括十大名茶，還有中國最好的茶具，都給它羅列出來，一個區賣一種名茶，包括台灣的名茶和茶具都有，我的想法是要辦一個永不落幕的茶葉博覽會，因為你在這裡能看到中國所有的名茶和名優的茶具，顧客有了最大的挑選空間，而且我用了現代的超市的經營理念。

因為大家都知道，茶的市場現在還處在一種混亂的狀態，而且茶的利潤空間，也沒有一個規範的標準，所以我用超市的手段，讓茶非常規範化的經營，而且利潤也規範了，產品和人員也規範了，把茶變成一種更接近消費者的商品，不是像貴族商品一樣高高在上，但是我的產品都是最好的，我把全國最好的東西都拿到這裡來了，讓消費者選茶、賞茶、乃至是一個休閒的場所，這種方式在全國應該是第一家，而且面積、規模以單品店來講也是首創的了。

范 **您經營茶業這麼多年，你對於這一行有什麼看法？你認為我國目前茶業的狀況如何？**

陳 我覺得咱們中國的茶，除了紅茶之外，綠茶、花茶、烏龍茶、白茶、黑茶等等，都是中國的東西，是外國沒有的，也就是說它的知識傳承等等的東西都是中國的，再加上我們中國地大物博，茶的品種非常的多，製作的工藝和方法都不相同，所以產生了很多各種各樣的名茶。中國的名茶佔的份量雖然在逐年的提高，但是在整個茶葉產量中，還有相當一部分的低檔茶，比如夏茶秋茶，鐵觀音除外，其他的夏茶都屬於低檔茶，那麼我覺得，將來茶葉市場應該是兩級分化，是怎樣的分化呢？一個就是名優茶和精品茶的開發，肯定是一個潮流一個趨勢，而且份額會逐年提高，並且朝著無污染、對人體健康的方向去發展。我認為高檔的茶，大家必然朝著一種藝術化的方向去經營，因為茶雖然是一個農副產品，但是它和文化的東西連接得很緊，特別是名茶和精品的高檔茶，比如說好的鐵觀音、普洱茶、大紅袍等，應該把它當做一個藝術品來經營，不能把它只當成是一項農副產品。另外一個方向就是低檔的茶，我覺得它應該像立頓，或者大陸的京華、猴王等品牌一樣，統領低檔茶的市場，低檔茶也應該有一個名牌出現，為什麼呢？因為低檔的茶在品質和飲用安全方面，會讓人質疑，讓人覺得比較不可靠，所以低檔茶應該出現一個名牌，讓人信任，覺得它可靠，比如我們飲用立頓的茶，就會覺得它是安全可靠的，品質比較規範持久的。所以我的想法就是，高檔茶要以藝術品的形式來經營，低檔的茶應該有一個名牌來統領。我認為這應該是將來茶葉市場的走向。

那麼目前中國茶業的狀況，我覺得有幾個方面，目前大陸的茶葉企業都很小，大部分只經過五六年、六七年的發展，大一點的企業也就只小有規模而已，真正的大企業很少，能夠佔有全國甚至半個全國的企業還沒有出現，所以目



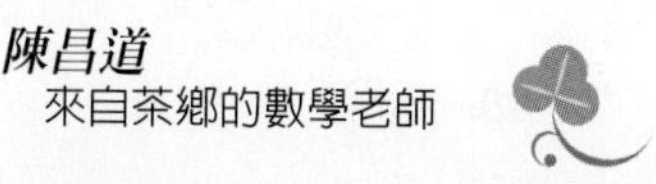

前的茶葉市場還很紊亂，一個現象就是，惡性循環的在賣茶，也就是以產品的低價格在賣茶，因為現在大陸的低檔茶是供過於求，大家想把茶賣出去的話，就努力的壓低自己茶的價格，造成的結果就是茶的品質更加下降，越賣價格越低、品質越低，這是一部分的茶的情形。另外一部分呢，就是名優茶、精品茶的這一塊，很多茶業企業的老板也看到了，要衝出茶葉低價惡性循環的怪圈，就必須往相反的方向走，這樣才能讓自己的產品跟市場上普通的產品有一個區隔，拉開檔次。除了品質不同外，增加自己茶葉的附加值，現在有很多企業已經做到這一步了，而且還慢慢的往創造自己的品牌這樣的方向發展。很多學者認為，大陸不一定要有自己的品牌，有歷史名茶就夠了，比如西湖龍井，就是賣一個西湖的風景名氣，或者鐵觀音、大紅袍，都是在賣歷史遺留下來的名茶的概念。但是我覺得這樣不夠，因為這樣對茶業的發展並不好，因為很多經營名茶的企業，他們是在按照自己企業理念很規範的在經營，但是也有很多地企業是在冒充的，以假亂真、以次充好，這樣就把名茶的市場搞亂了。那麼為什麼需要一種品牌的東西呢，比如說我們都在經營西湖龍井，那麼我打的是什麼品牌、或是什麼商標的西湖龍井？顧客在買西湖龍井的時候他還要看一下是什麼商標，如果某一個品牌的西湖龍井，做的非常的規範，而且產品的質量非常的好，能夠持續、穩定，那麼顧客買的時候也會看，這個商標、這個品牌建立起了信譽，就會慢慢的把不法經營的人擠出茶葉市場，這對中國的茶葉市場是有好處的。所以我認為，中國既要有名茶、又要有名牌，名牌不僅對低端茶很重要，對高端的茶也是很重要的。所以我認為中國目前的茶葉市場應該分為兩類，不能一概而論。

**范 現在在全國各地，比如北京、上海、廣州、瀋陽等很多城市都建立了大型的茶葉批發市場或茶葉一條街等等，您對這樣的現象有什麼看法？**

陳 茶葉批發市場，我覺得它在一個特定的歷史時期，發揮了強大的作用，但是它隨著茶葉市場的發展，最終會走向一個成熟、規範的道路。為什麼說它在特定的歷史時期發揮了很大作用呢，因為我們知道，大陸的茶葉在 1984 年之前，是屬於國家統籌的一個產品，茶葉從生產、製造，到流通到消費者手中，都是由國家來控制的，這種情況下，茶葉的價格都是非常不透明的，也不是市場化的。後來在 1984 年以後，茶葉的市場一放開，很多私營企業都來經營茶，但是中國的茶葉經營體系，價格是非常紊亂的，而且在老百姓的印象中，茶葉是個高利潤的商品，利潤的空間是非常大的。那麼這個時候呢，出現了茶葉的批發市場，把千家萬戶的茶，集中到同一個市場來出售，或者說把幾百個上千個茶廠生產的茶，拿到同一個地方來出售，這樣就給了消費者比較的機會，另外也能夠讓市場來決定茶葉的價格，把茶葉的高利潤空間進一步的削弱了，這樣呢，就讓一些原本高高在上的、貴族的茶葉，便成了普通老百姓也能買得起的，把茶

葉流通中一些不合理的利潤給排擠掉了，普通老百姓不但能喝得起茶、也能喝得起好茶，這樣的話，我們製作茶葉的企業，包括茶農，他們的茶葉銷量就會大起來，並且通過批發直接和市場的聯繫，把茶葉流通環節中間人為的障礙取消掉了，讓茶和消費者直接面對面，所以，我覺得在特定的歷史時期，茶葉批發市場的發展，是非常合理的，也是非常有生命力的。但是同時，茶葉市場它也存在著一些弱點，存在著一些不好的地方，比如說千家萬戶的茶，放在一起賣的時候，就會互相壓價，很多人為了把茶賣出去，就把價格壓下來，以低價出售，特別是低檔的茶。因為中國目前低檔的茶供過於求，經銷商就盡量壓低價格，甚至弄虛作假，這樣的話就產生了一個惡性循環，茶價越賣越低，茶葉的品質也越做越差，或者說以次充好，亂象的東西因此出現了。隨著茶葉市場的不斷深入，這一點就會阻礙它的發展，所以接下來我想，茶葉市場一定會隨著國家經濟政策的規範、體制的規範（包括食品安全的認證）朝著合理的方向發展。

經過了這層層的檢驗，在茶葉市場中能夠留下來經營的商戶，就一定是規範的，從產品的種植、生產、到出售，都是規範的，採取的是國家的標準，或者說是世界的標準，比如說 ISO 等等。那麼這些企業既有規範的體系作保證，又有自己產品的特點，又有自己的品牌，這樣的企業就能夠在市場中生存下來。那些弄虛做假，以次充好的企業，就會被淘汰，到了最後，茶葉批發市場就會分成四個部分，第一個部分就是外國或外地的觀光旅遊客人購茶。第二個部分就是普通的老百姓、機關單位購茶，包括禮品茶。第三個部分就是變成中國茶業企業的商務中心，比如馬連道茶城，茶業企業都在這裡設一個點，這個點是商務中心也好，展示中心也好，他們都會集中到這裡來，這樣的話，不管是國內或國外的客戶，想要採購茶葉，就到這裡來就夠了，這裡可以看樣、定貨、簽合同，廠家根據客人的地點出貨就好了，所以它可以是一個商務中心。第四個部分，它是一個茶葉拍賣中心，也許因為有這麼多的企業都在這裡，我覺得有可能會往拍賣的方向去發展，或者說舉辦像「茶王賽」這樣的活動。所以我覺得，如果有一天茶葉市場能發展到這樣的階段，那麼中國茶業行業的基本市場功能就都體現出來了。現在的茶葉市場還不夠規範，有優勢，也有弊端。

范 **我買一百斤茶或一斤茶都可以到批發市場，那麼茶葉批發市場會不會影響到零售的市場？**

陳 是的，是有影響，茶葉市場成立以後，對外面的茶葉店可以說是影響非常大。比如以北京來講，沒有茶葉批發市場的時候，北京的大街小巷茶葉店非常多，批發市場一形成，一個單打獨鬥的小茶葉店要想生存就很難了。這裡的原因並不止是批發市場，還有大型超市的出現，也出售茶葉，這樣就把外面小茶葉店的客源消弱了一大半，所以影響是非常大的。

**范** **那麼將來的發展是完全要走入批發市場和大型超市，還是個別零售也還是會存在？**

**陳** 因為我覺得，論述中國茶和中國茶的商業體系，前面都沒有經驗可以借鑒，因為中國的茶很特別。去超市購茶的，都是年輕人，一些上班族，都是對茶葉品質要求不高的消費者，他只是為了方便，隨意購買。真正要買好茶，還是要到藝術化的專賣店，或者是茶葉批發市場中的專賣店。包括像北京，傳統上都喝茉莉花茶，尤其是一些上了年紀的顧客，他想喝到他年輕時候喝到的那種茶的口味、品質，他不想改變，所以他會認定某一種茶，他會在固定的地方買。所以茶葉消費市場不是一刀切的，它是很豐富的。

**范** **您現在經營茶業有沒有什麼困難的地方？現在如果有人想要開茶莊或從事茶業這一行，您想給他些什麼建議？**

**陳** 目前在大陸經營茶業，困難應該是非常多的了。首先就是茶業企業的老闆都是白手起家，資金都不雄厚，所以企業規模都很小。第二個就是整個中國茶業都比較混亂、不規範，這種不規範不是一個企業能解決的，也不是哪個地方政府能解決的。所以我覺得要規範茶業，一定要政府出面制定長遠政策來規範，因為目前政府對茶的行業基本上是放任自由的，沒有什麼介入，也因為政府裡沒有真正懂茶的；而茶葉研究所裡的專家教授，本身沒有權力，但是有權力的呢，卻又不懂茶。大家都知道，茶雖然是一個農副產品，但是它裡面有很多哲理的東西，要讓不懂茶的人，來領導懂茶的，外行要領導內行，是很難的一件事，這就造成他意識不到茶行業的不規範對茶業的發展影響究竟有多大，所以就不會積極去規範，才有了現在的混亂局面。比如我之前講的有很多劣質的茶，或者有很多對人健康有害的茶，都在現有的市場上流通，對於創造好茶或名優茶的企業，製造了一個障礙，因為整個市場混亂的狀況下，他們要衝出眾圍，是比較困難的一件事。第三個困難就是說，中國的茶沒有一個統一的標準，沒有標準對於創品牌就非常難了，比如我一號產品，我要創品牌，我對數量上一定要有要求，那麼現在，千家萬戶都在生產茶，可是我的茶生產出來品質未必好，這樣對於創品牌的企業的支持，就比較難了，因為勢必要花很多時間去研究這方面的東西，所以這也是一個比較困難的地方。另外，如果要開茶莊，我覺得首先就是位置的選擇，因為開的店選了一個有人流的地方、有飲茶客源的地方，那就成功了一半。接下來就是對茶產品的選擇，茶產品一定要選擇符合該地區的飲茶習慣，比如我這個地方還是喜歡茉莉花茶，那麼我們就以茉莉花茶為主，其他的茶葉為輔，就是說要了解這一區的消費者的消費習慣。第三就是經營者首先自己要對茶具備一定的知識，如果完全不懂茶的話，經營起來就比較困難了，所以說要懂茶，不能只是懂皮毛而已，還要深入的了解，這樣對於你茶葉的採購、對於你和愛茶的消費者的溝通都很重要，因為往往你的顧客群裡有一部分愛茶人士，而且他是你重要的客源，所以你如果不懂茶，要經營茶

就比較難。第四個方面就是，現在開單獨的一個茶葉店，成功的機率比較小，最好是採取加盟的方式，或者說自己開連鎖店，從店的名號上創品牌，來增加你經營的影響力，這樣成功的機率會比較大。從現在開始，如果你選擇經營面積很小的單品店，想要成功是很難的，除非你的面積很大，在這一地區很有影響力，那還可以，除了這種方式，我認為加盟或自己開連鎖店才是比較有前途的。

**范** **請問您是如何理解「茶人」這個名稱的？請您給「茶人」下一個定義。**

**陳** 我覺得這有兩個方面的理解，廣義的理解，我覺得愛茶的人，從事茶的人，比如種茶、製茶、賣茶的等等凡是從事和茶相關的行業的人，都可以稱為茶人，這是廣義上來看的。另外從狹義上來看，你要稱做茶人，一定要有一點茶的底蘊，比如研究茶的、研究茶藝的、研究茶葉種植、製造的，這些專家，或者說在這些方面有一定的造詣的人，或者說從事茶相關行業研究的人，比如種植、製造、茶藝文化等等，這樣他才能夠稱為茶人。我覺得應該從這兩個方面去理解。

**范** **請您談談製茶、賣茶、買茶、享用茶，應該抱著什麼樣的態度？**

**陳** 我覺得在各個方面，首先最重要的一點，是要抱著科學的態度，因為目前在大陸對各種茶的宣傳，存在著很多不科學的地方，比如說大紅袍，不少人用一種近乎迷信的方式宣傳，說什麼大紅袍的採摘，一定要少女用嘴巴來叼。還有一種是用誇張的手法，去鼓吹有的茶需要猴子去採摘，果真需要用猴子去採，我想這只能說這茶是長在很高很險的地方，但是這個茶採下來，是不是好茶，還要看製作，還要看茶的品種。所以我覺得是不是好茶，不能一概而論，還要用科學的眼光和科學的依據來決定。

所以我們在茶葉經營的過程中，我們總結了四個觀點，第一就是生態種茶，所謂生態種茶，就是我們的茶在種植的過程中，雖然大陸現在有綠色食品，有無公害茶、有機茶等，這些都是一種標準，是一種規範體系，這些也很重要，它能規範和保證人們種茶的合理性。但是我們還覺得，我們種茶，除了遵守規範體系以外，還要回歸大自然，接近大自然，也就是我們的茶園還要從環保、生態保護、水土流失方面來注意，我們的茶就好像種植在原始森林中，接近自然，和大自然融為一體，當然這裡面也要符合科學和技術的要求，我覺得這是種茶的最高境界。

第二個就是科技製茶，因為茶是一個傳統行業，幾千年下來，我們的茶人累積了很多的經驗，他雖然不懂得為什麼要這樣做，但是他懂得這樣做的話，茶就會好喝，這都是一個歷史的經驗。但是隨著社會科學的發展，我覺得製茶過程中應該融入更多科學的東西，比如安溪，夏茶現在採用空調製茶，雖然說很多人藐視它，但是它的確能增加茶農的收入，因為它把夏茶這種本來很低劣的產品，變得好喝起來了。還有就是茶的包裝與儲存，也可以用真空、充氮、除氧、冷凍等等處理法。包括茉莉花茶，我們公司就首創了一種低溫窨製茉莉花茶的技術。原來的茉莉花茶，都要一百度以上的高溫去烘烤，烘乾，我們現在薰花之後，只用三四十度的低溫去烘烤，這樣的話，首先，茶的濃度不會增加。其次，大家都知道，茉莉花茶的保健功能在茶葉中是最弱的，因為它要薰花薰五次、六次，還要烘乾七、八次，在反覆的高溫烘烤下，茶葉中的有效成分就全流失掉了，所以和綠茶、烏龍茶相比，它是比較弱的。現在我們採用低溫烘烤的方式，把它的有效成份保存在最高，而增加了它的保健功能。另外還有一個好處就是花的利用率也提高了，因為花香給茶吸收以後，經過高溫一烘烤，花的香氣就大部分都跑了。如果用低溫烘烤，它的香氣不僅可以保留久一點，還可以增加利用率。總之，我們採取的低溫、冷凍、抽水、乾燥等方法，在製作綠茶上成果非常好，能讓茶在短時間內烘乾，而且不是高溫製的，這樣茶裡面的一些無形的變化就少了。所以我說科技製茶非常重要。我們在保留傳統技術的基礎上、經驗上，也應該增加科技的含量，這裡面包括引進技術性高的機器、引進高科技的技術來做茶，讓茶的產品更豐富，更朝著好茶、名優茶的方向發展。

第三個就是科學說茶。我剛剛講到，目前大陸很多對茶的宣傳不科學，包括很多企業和茶業經營者，為了把自己的茶賣出去，用了很多迷信和誇張的手法宣傳，而且大陸宣傳茶總是喜歡把名山、名水、名人跟茶結合，我個人認為，名山、名水跟名茶有一定的聯繫，名人喜好的也有很多是好茶，這不可否認，但是，這樣的宣揚茶對茶的發展並沒有多大的好處。因為我們中國的茶，品種非常多，做出來的名茶也非常多，因此，在保留傳統的名茶之外，比如龍井、碧螺春、大紅袍等，我們也更應該開拓新的名優茶出來，來增加茶農的收入。我覺得，一種茶要成為名茶，它必須要有幾個條件，一要有好的品質。二要有一定的量，要有很多的人都喝得到，才能感覺到它的好，才能推廣開來。三要有名山、名水、名人的陪襯，才能在歷史上成為名茶。因為古代的營銷體系和宣傳工具沒有現在發達，所以想在歷史上成為名茶，應該說和名山、名水、名人是不可分的。但是，全中國大陸生產好茶的地方還多的是，如果我們僅僅宣揚這些歷史名茶，對中國其他地方的茶農來講是很不公平的，尤其是對一些偏僻的農村，特別是長好茶的地方都是很偏遠的山區，生態比較險峻，因為它產量不多，交通不便，所以才不被人重視，所以我們很需要下一代的茶農更多去開拓這些地方的茶，這對於增加茶農的收入，或者說對貧困地區的老百姓都有所幫助。那麼我們從這個角度來講，或者說從豐富中國茶的品種和內容上來講，我們應該大力去開創新的名優茶，不能僅僅抱著歷史遺留下來的東西，而且還用那種很不科學的態度和誇張的手法。另外，中國加入世貿以後，中國的茶總有一天要走入全世界，如果將來美國的紐約、日本的東京、

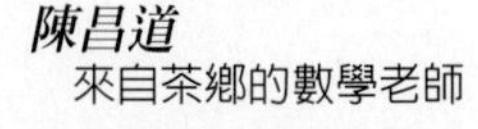

韓國的漢城、俄羅斯的莫斯科，都像北京一樣普遍的喝茶的時候，那麼中國茶就有希望了，但是國外的海關和食品檢驗中心，他相信的是科學的數據，而不是聽了你這些傳說就讓你通過了。這就好比中藥，中藥在我們中國賣得很好，但是到了外國就不讓賣了，因為很多中藥的成分沒有一個科學的說明數據，國外對這些是很嚴謹的，你沒有明明白白的說明它到底治什麼病，道理是什麼，副作用是什麼，他們是不會允許國內的國民輕易飲用的。同樣的，我們的茶要銷到全世界的時候，我們也應該讓人家知道，我們的茶有沒有好處，好在哪裡，有沒有副作用，這些都要用數據、用科學來說明，不能就靠一個嘴巴來說明，也不是靠一個美麗的傳說就能打動人。所以，科學的說茶，我認為是非常重要的，也是一個非常大的工程，需要很多研究茶的科學和文化的專家共同來努力才能達到。

第四個是規範賣茶。因為茶目前在中國是一個很不規範的產品，利潤空間非常大，而且茶從種植、製作，一直到消費者手中，很多人認為都是憑良心做事，我覺得這是非常不好的現象。所以我覺得一定要規範賣茶，我剛剛講過，茶要分兩大類，其中低檔的茶，就要像賣電視機一樣，這個茶做出來多少錢，上超市賣多少錢，價格是統一的，利潤是合理的。另外一類高檔的藝術品類的茶，可以採取拍賣市場的方式，比如一個大紅袍拍到多少萬，這也是很正常的，因為最好的茶，沒有缺點的茶，絕對應該是一種藝術品，這就好像收藏藝術品似的，是無價的。但是低端茶的銷售和高端茶的拍賣，都要有一個規範的體系，不能說都只憑良心做，因為昨天良心好並不代表你今天良心好，一個人為人好，並不代表你賣茶就賣得合理規範，良心這東西摸不著看不見，以它做標準是不對的。一定要用一個規範的體系來賣茶，從茶的種植、製作、運輸、銷售，用一個規範來制約它，每一個步驟利潤多少，都要非常透明。這樣才能保證茶的行業中沒有投機的成分，所以我覺得這一點是很重要的。

范 **請問您平時個人怎樣享受茶藝生活？**

陳 我覺得喝茶有兩個方面，一個是解渴，一個是品茗。從品茗的角度講，我們就是想看它到底是怎麼樣的茶，把這個茶的真性給它品嚐出來，我們一般都抱著這樣的一個心理去品茶。那反過來講，茶也給你一種挑戰，看你能不能把它都品嚐出來，也就是看你的境界、你對茶的理解的深度有多少。我們要品茶，除了有好的茶之外，還要有好水，還要有好的茶具，還要有好的泡茶技術，有了這些東西，我們就能夠把真實的茶泡出來，泡出來之後，我們去品嚐它的時候，能夠品出多少，就全看你個人對茶的造詣有多少了。我打個比喻，如果你住過五星級的酒店，享受過五星級的服務以後，你才知道三星級的服務哪裡不到位。那麼茶也是一樣，我覺得，只有喝過最高境界的茶，那就是當一泡茶給了我們一種完全沒有任何缺點、提供我們一種美侖美奐的享受的時候，才能感受到底下的茶有哪裡不足。所以，要品名茶，就要有自己對茶的理解，而且要有一定的深度，但這個深度不僅是說喝了多少茶，至少還要懂得這茶是怎種植出來的、什麼品種等，還有茶的製作，因為很多茶就是因為製作過程中出現了一些毛病，才造成了茶的缺點，所以能了解製作工藝是最好的。接下來還要懂得好的泡茶技術，以及懂得茶的文化。很多人覺得茶文化給人一種很寬、很深、包容性很強的感覺，就是因為中國茶的品種這麼多，而且它的製作過程中，只要有一絲的改變，體現給我們的品茗人的湯水的導向，都有差異，你用最快的計算機來計算，都分不了那麼清楚，這就是茶深奧的地方。這並不是說茶沒有一定的標準，沒有一致性，就像人一樣，最像的雙胞胎，也有不一樣的地方。我們都知道，一座山，它山頂、山腰、山下所生長的茶，它南面、北面、東面、西面所生長的茶，做出來品質都不一樣，而且同樣的茶菁，只要製茶師在做的過程中改變一點小小的工序，做出來的茶又不一樣。所以茶的產品實在是太豐富了，人想要真正的把它品出來，是非常大的一個挑戰。而且我覺得以後的茶葉市場，普洱茶、大紅袍、烏龍茶的份額是越來越大，綠茶應該算第二，花茶的銷量是越來越少了，其他種類的茶基本上保持不大的變化。

享受茶藝生活來講，茶能給人修身養性，因為你想把它品評出來的時候，你首先要靜下心來，心有浮躁就不行。另外反過來講，你心靜了之後，對人的心境、性情、就有一定的要求，因為泡茶的過程必須是慢慢的。還有就是環境，要和這個泡茶的心境相吻合。再來就是我們享受茶的時候，必須是非常放鬆的，這樣對人體的健康才有利。那麼大的方面我們了解得比少，個人的方面我就是這麼認為的。

范 **謝謝您，講得非常好。**

# 楊　奇

## 蒙山智矩寺茶人
## ——談悠悠人生皇茶一杯

楊奇先生，漢族，四川省雅安市名山縣人。2004年，我應邀參加第八屆國際茶文化學術研討會，9月16日我抵達成都國際機場的時候，名山縣農業局的小鍾來接機，安排住在蒙頂山大酒店，隨即前往「曉陽春茶藝莊園」用餐，那裡的景致迷人，並安排了楊天炯先生及歐陽崇正先生兩位茶人，在那裡等候著陪伴我認識蒙山地區的茶文化和茶的歷史文物。這間茶藝莊園主人的名字很特別，叫做楊奇，讓我覺得好奇。但由於當時的時間緊湊，沒有辦法和楊奇先生多談，便匆匆離開了曉陽春茶藝莊園。

經過兩天在蒙山上的參觀訪問，在即將前往雅安參加研討會開幕的那天下午，我們一行在智矩寺皇茶坊進行挖掘蒙山茶文化和了解皇茶的歷史和製造過程，皇茶坊的主人也是楊奇先生，他早已等候在那裡，為我們較詳細的說明皇茶坊的種種，並安排茶技表演，拿出一些相關的史料文物讓我們觀覽。因此，對他有了較深的了解，為了讓社會大眾更多的認識中華茶文化的發源地蒙山和皇茶，同時也了解和認識積極弘揚茶文化的茶人，我邀訪了楊奇先生，由蒙山茶人蔣昭義先生記錄。2004年12月26日。

*　*　*　*　*

**范　何謂皇茶，皇茶有何特色？從何時開始？**

楊　皇茶就是貢茶。是名山縣官府入貢朝廷，專供皇帝享用，由皇宮支配的蒙山精品茶。貢茶有正貢和陪貢之分。採摘蒙山上清峰頂端七株茶樹上的嫩葉製成的茶，是正貢茶。正貢茶，皇帝本人也不能飲用，是皇室祭祀天地、供奉太廟列祖列宗的專用品。陪貢茶的採葉範圍可以遍及蒙山。皇帝飲用、皇室分配、賞賜大臣的茶，就是陪貢茶。

皇茶品質特色。清代縣誌稱讚它「味甘而清，色黃而碧，酌杯中香雲蒙覆其上，久凝不散」。貢茶品目繁多，以貢品級甘露茶為代表，可想見貢茶品質一般特色。在每年春分之後採摘一芽一葉初展鮮葉製成。外形緊紮捲曲，銀毫顯露如茸，色澤中綠油潤；沖泡後湯色嫩黃而碧，清澈明亮；香高持久，馥郁芬芳；滋味純厚鮮爽，回甜鐫永；葉底細嫩，芽勻葉整。外秀內富，色香味形俱佳，是皇茶最為顯著的特色。

蒙山精品茶入貢皇室，是從唐玄宗天寶元年（西元742年）開始，經宋元明清，歷時約1200年，列貢茶歷史之最。

有關貢茶的種源起始，茶事史實，採製禮儀、氣候條件、適生土壤、讚頌詩文等諸多特色，這裡不一一贅述。

范 **蒙山智矩寺皇茶坊的歷史由來，爲什麼稱爲中國皇茶第一坊。**

楊 清光緒版《名山縣誌》沿引四川《通志》和名山《舊縣誌》記載：智矩寺「在縣西，漢建」、「在縣西十五里，蒙山五峰之下，漢甘露道人始創。宋淳熙時重修，每年於此製造貢茶」、「甘露禪師井中石像供奉於西龕，焙茶之



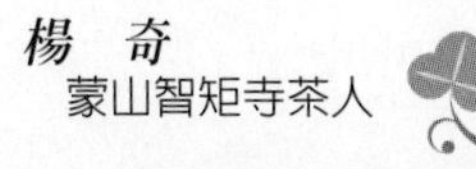

所也」。

史實中的「漢甘露道人」、「甘露禪師」指的都是植茶始祖吳理真。西漢末年，吳氏出生在蒙山智矩寺下的六根橋畔。少時聰穎過人，稍長從醫學術。農時躬耕，長成後農閒採藥配藥維持生計。至今在他的出生地一座小廟石柱上書有一幅楹聯：五峰山上春風暖，六根橋下甘露香。在蒙山五峰種茶，在六根橋附近製茶。吳理真種茶，最初是為了採藥的方便。據多方考證，吳理真蒙山種茶始於西漢末年的宣帝甘露年間。即在西元前53年至西元前50年之間，將野生茶樹移至蒙山五峰中的上清峰種植，成活八株。這是人工開闢的第一個茶園，吳理真也是有文字記載的中國人工種茶第一人。

吳理真種茶，也製茶。所謂「甘露道人始創」就是指他在智矩寺這個位置上，搭建了中國第一個專業化的茶葉加工作坊。民間故事稱它是「吳氏茶坊」。但絕不是智矩寺，因為那時佛教還沒有傳入中國。吳氏茶坊傳承了數百年才轉為寺廟。大約在隋唐時期佛教迅速傳播，利用吳氏茶坊擴建成智矩寺，供奉釋迦牟尼。蒙山千佛寺、天蓋寺、天竺院、福禪寺相繼出現的同時，智矩寺這座頗為雄偉壯觀的「紺宮琳殿」，雖然成了佛門進山首拜的大禪林，但卻保留了吳理真傳說中的投井化石雕像和吳氏茶坊。並且歷代住持僧眾繼承發展「吳氏茶坊」技藝，所焙茶品絕佳絕妙，名噪巴蜀，享譽佛門。供茶佛偈「蒙山雀舌茶，供奉佛菩薩」就是佐證。

因吳理真種茶始於西漢甘露年間，人們把吳氏茶坊叫做「甘露坊」。

唐玄宗天寶元年，皇室選定蒙茶入貢朝廷，定為歲貢，並且有一套傳承規矩。比如正貢、陪貢和顆子茶，都一律要由智矩寺西龕茶坊的茶僧「禮焙」而成，久而久之便習慣性的稱甘露茶坊為皇茶坊或貢茶坊。說它是中國皇茶第一坊，是人們的一種公認。因為它有幾個第一：製茶歷史 2000 餘年，「禮焙」皇茶自唐至清約 1200 年；有完整的採製皇茶禮儀和「禮焙」皇茶無與倫比、首屈一指的技藝；到了晚唐，這裡是全國唯一的官僧共司皇茶事宜的寺廟、政教合一體制，歷行千年，堪稱第一；智矩寺焙製皇茶的數量稱第一，李吉甫《元和郡縣誌》成書於唐憲宗元和八年，對蒙茶入貢的記載是：「嚴道縣蒙山在縣十五里，今每歲貢茶為蜀之最」。

范 **請楊先生介紹一下，皇茶是怎樣製作的？**

楊 入主智矩寺，我仍然沿舊制的辦法，製作高級名茶。其操作程式，是從縣誌的記載裡逐句分解列定的。用白話文字著述出來會是一大篇，我這裡引用《名山縣誌》光緒版中一段，供大家研析。

「……盡摘其嫩芽，籠歸半山智矩寺，乃剪裁粗細及蟲蝕，每芽只揀取一葉，先火而焙之，焙用新釜燃猛火，以紙裹葉熨釜中，候半蔫出而揉之。諸僧圍座一案，復一一開所


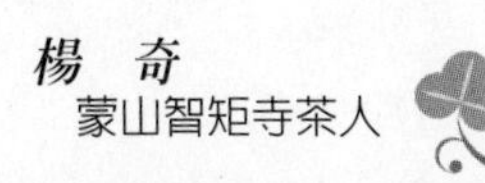

揉，匀攤紙上，朋於釜口焙令乾，又精揀其青潤完潔者為正片貢茶。茶經焙，稍粗則葉背焦黃，稍嫩則黯黑，此皆製為餘茶，不登貢品。再後，焙剪棄者，入釜炒蔫，置木架出茶床，竹薦為茶箔，起茶箔中揉，令成顆，複疏而焙之，用顆子茶以充陪貢並獻大吏。」

現今皇茶坊採製名茶的鮮葉標準，操作程式都沒有變化，所製作綠眉仙茶、禪茶雀舌、仿顆子茶的「念珠茶」等，所花的工藝代價，可想而知。不過那茶之風味，只有用「欲道瓊漿卻畏嗔」來形容了。

**范** **你是如何和茶這個行業結緣的，目前經營茶業的具體內容有那些，將來計畫如何。**

**楊** 我的家在縣城南邊18公里的車嶺鎮上，它的南面是橫亙數十里的總崗山。我的外婆、舅爺、楊氏本家親朋好友，多半都是總崗山上的茶農。總崗山歷來是產茶區，茶的品質僅次於蒙山。跟外婆、舅媽去摘茶是我童年的「節日」。

我讀書懂些事理的時候，上了一次總崗山。連片茶園被挖掉了，梯田裡長著焦黃焦黃的玉米秧。大人們告訴我，茶價低不好賣，茶葉飽不了肚子……。一位老大爺在山腳邊毀著他的茶園，他挖挖歇歇，臉上浮現那依依不捨又萬般無奈的表情，我至今記憶猶新。那時我想到，長大了要把家鄉的茶，一車一車的賣到外地去，要賣出名，賣出好價錢。

我幫親友賣茶，是參加工作就開始了。一九九七年，我和妻子李彩霞在蒙山下開辦了曉陽春休閒渡假村，後來又改建成曉陽春茶藝莊園，經營四川民間特色菜餚，首創蒙茶烤全羊，舉辦歌莊晚會，設置林蔭茶桌、中式茶廳、竹樓茗室，客源、景象興旺，在川西小有名氣。七年來我們為茶農、小作坊業主賣出去了許多名茶。因此我們結交了許多新朋友。買茶的朋友和賣茶的朋友，我們兩邊調合一起，評質論價，主持公道，大家都信任我們。只要是為茶朋友辦成了事情，我們就心情舒坦，相視而笑，坐下來喝一杯好茶。

二〇〇二年我入主蒙山智矩寺。正如前面已經介紹過那樣，這裡是蒙山茶文化的寶庫。曉陽春茶藝莊園和智矩寺皇茶坊的經營開發，增強了我立志作茶人、作茶文化人的信念，信念受到了成功的鼓勵。我和前輩茶人共同研製的「綠眉仙茶」，在成都、雅安兩地拍賣一舉成功，賣出了使人羨慕的好價錢，即100克價位達18000.00元。我獨力研發的禪茶雀舌，品質優良，風味清純，包裝古樸實用，受到國內外稱讚。

經過幾年的反覆試驗，我研製成功了「九品茶宴」。九種含茶工藝菜餚，取象寓意，都在於表現蒙山景點和茶文化，造型生動，色澤調勻，清爽可口，茶味悠長，開發經營都是成功的。茶湯足浴，茶湯沐浴，設施日臻完善，已在試運營之中。

茶技、茶藝、茶道，在表演和實用兩方面有嘗試性的開發。茶技花式長嘴壺「禪茶表演組合」，曾參加成都、廣州

萬人品茶會、西安法門寺國際茶文化學術討論會作現場表演，反映良好，頗受歡迎，在重慶國際（永川）中華茶藝杯大賽中一舉奪得綜合一等獎。茶藝表演主旨，是紀念植茶始祖吳理真。「甘露茶韻」這套組合，集儒、道、釋、理念於茶藝，將朗誦詞章、古箏配樂、川派蓋碗茶藝、才氣展示等藝術形式有機組合起來，主題深入淡出，茶情綿綿，茶韻悠悠。參加第八屆國際茶文化研討會邀請賽，接待港、台、日、韓和新加坡茶人茶友，廣結茶緣，受到好評。

我們正在組建「智矩坊茶葉產業化合作社」，已經得到當局批准。智矩坊合作社（ZHI JU MILL CO-OPERATION）將和茶農、茶葉加工廠家、茶葉經營商家合作，強力推進無公害茶園、有機茶園建設、研製、引進現代化茶葉加工機具、淨化、加工、運輸、包裝環節；以智矩坊——中國皇茶第一坊為依託，向國內外大市場推出成員單位的知名產品、名優特新產品。我將組建智矩坊茶葉有限責任公司，立足成都，來實施這一品牌戰略。為種茶謀生的父老鄉親都能過上富裕文明生活，我立志肩擔風雨走一程。

茶香醃臘製品、茶香枕、墊，已試製試用成功，正組織小批量生產。

我們要聯合川派茶藝大師、專業教學單位，在農村青少年中選拔學員，開設茶技、茶藝專修課程，為繼承茶文化傳統，向社會輸送實用人才。

計畫每年四月，植茶始祖吳理真生日前後，在蒙山智矩寺舉辦甘露茶會，形式是以茶會友；誠邀茶人茶客、舊朋新友參加，朝覲茶祖、品茶論道、欣賞茶藝、享受茶宴，促成精品名茶交易。希望這樣的民間活動得以延續，既恢復傳統，也面向市場。

我在茶業、茶文化的路上走著，惟敬獻一份愛茶、愛茶文化的誠心而矣。

**范** **您在四川雅安創辦事業和生活，請談談您那裡的風土人情以及環境感受、生活心情，和大家分享。**

**楊** 我生活在仙茶故鄉名山縣的蒙頂山麓，地處成都平原的西南邊沿。雖然三、四年前成雅高速公路開通，但是這裡的民風仍然古樸純厚，散發著濃郁的人情味。

鄰里相幫是最具特色的民風。比如修房造屋，是被稱為「木山酒海飯堆堆」的大工程。村裡有家人建新房，遠方親朋走數十里山路趕來，本地鄰居準時到達現場幫忙。不等主人安排，見啥做啥，並且在省工省料方面，處處精打細算。那是不計時間，不計報酬，最真心實意的義務勞動，更為可貴的是，這些盡義務的工匠們，帶來米、油、肉、菜作「幫襯」。如果這座房要花去十天半月以至月餘工期，來幫襯的鄉親，也會排隊輪流來幫忙。即使在外打工，每天掙數十元工資，他們也會棄工而來。在農村，有紅白喜事，甚至會全村出動來幫襯，叫做「湊起」、「紮起」。我從這種「眾人拾柴」、「積弱為強」的凝聚力中，看到了我們民族的過去和未來。

*楊　奇*
蒙山智矩寺茶人

殺豬過年喝血湯，喜相逢大聚會。莊稼同仁、生意朋友、幼時知己、舅子老表，如會期而至，連豬戶這時也傾其所有大辦招待。院壩裡、走廊上，擺起排排桌凳，吃糖抽煙喝茶，擺龍門陣，各有所好，各得其所。有時地方官員中沾親帶故者也來參加，會為大家留下一份珍貴的記憶，也是主人的面子。開席吃飯，喝血湯達到高潮，回鍋肉、炒豬肝、燒肥腸、木耳萵筍肉片、筋巴子芹菜肉絲、紅白蘿蔔酥肉湯，滿盤滿碗，壘壘堆堆擠一桌。大家大口吃肉，大碗喝酒。酒過三巡，場面開始熱鬧起來。趁著酒興，打賭劃拳，吹牛耍強，酒話真話，嘻笑怒罵，無所不有。有文學細胞的人，吼幾句川劇高腔，湊熱助興。客人中的「酒海」們，要磨磨嘰嘰幾小時是常有的事。老百姓說喝血湯「圖個喜慶，圖個熱鬧」。老百姓最為看重請人喝血湯，是對各方人情支持的一種酬謝，交結廣度的展示。喝血湯的人去的越多，證明主人「和氣生財」的路子越廣，請到就去，不傷和氣，我歷來如此。

我發展經營的事業「曉陽春」在蒙山麓蒙泉溪澗匯流處。「皇茶坊」又在仙茶故鄉蒙山中部，都在風景旅遊大區內。這裡林木密茂，泉水淙淙，四季分明，鳥語花香。「推窗香滿室，開門見茶山」是大自然對我的賞賜。生活在這樣舒心愜意的茶鄉裡，我一定要為茶農做些有益的事情。

范 **你原籍是哪裡？是什麼民族？談談您的成長過程和工作經歷，家庭狀況如何？**

楊 我是漢族，聽老奶說，楊氏祖宗是湖廣填四川那會，從湖北麻城孝感鄉搬遷來的移民。推算起來是明朝末年農民起義領袖張獻忠失敗以後的事，本土化三百多年了。初中畢業十五歲，我進入烹調行業，受到名師指點加之自己「良好悟性」，川菜技藝的基本功比較牢固，無論是座墩子、上灶頭、紅白兩案都能應付。十八歲進入名山縣食品公司，任廚師長、司務長。二十二歲那年，經國家考核審評定為一級烹調師。任司務長期間，結識了在公司食堂搭伙的高中學生李彩霞。我憨厚為人、公平正直的品格感動了她，她活潑可愛，敢作敢當的形象吸引了我。於是她讀完高中，參加工作給我當助手。後來我們結婚成家，和諧美滿地生活在一起。食品公司改革精減職工，我倆雙雙下崗，為了生活出路，我們把所有的積蓄加上親朋好友借款，一起投入曉陽春的建設與開發。

五年後入主蒙山智矩寺，經營茶文化企業。我今年34歲，做了八年職工，當了八年小業主，有賠有賺，盈餘不多，談不上成就。唯有人在草木間的這個「茶」字，讀出了一點韻味。儘管路途漫漫，我也將求索不停。

母親和我生活在一起，勞動成了她的生活需要，總是要找些動手動腳的事情來幹，才吃得好睡得香。十二歲的兒子楊雲博，在成都念書，他的頭腦「狡猾狡猾的」。李彩霞主內，我是內外兩頭忙不停。我們過著和睦安定的生活。

***楊　奇***
蒙山智矩寺茶人

**范** **請您給茶人下一個定義，您認爲茶人應該具備什麼條件。**

**楊** 我心目中的茶人，是茶文化人中能超凡脫俗的人，行為高尚的人。他能感悟茶中真味，品茶入道，用以引領人生，用以修身齊家。他淡泊名利，精行儉德，生在奉獻。

茶人於茶，至愛至尊；茶人於道，旁通力行；茶人於德，寬厚仁心。

我經營茶和茶文化企業，立志作一個有修養的合格茶人。

**范** **您對目前的茶藝文化有什麼看法？**

**楊** 研討、研究會上的茶藝文化，大賽、邀請賽的茶藝文化，商業行為招徠顧客的茶藝文化，十之有五誇張浮燥，嘩眾取寵，有虛無實，追求功利與感官刺激，對清和虛靜的茶道氛圍是一種攪擾。我看到的茶藝文化，還沒有明確的主旨和方向。日本、韓國茶藝文化有獨到之處，引人入勝，似乎又過於瑣碎，離現代生活節奏太遠，人們沒有那麼多時間去享受。無我茶會不失為回歸自然，溝通友情的好形式，有改進適應性的必要。

我比較喜歡四川三件頭蓋碗茶藝。茶藝文化的形式和內容，表現在茶博士的實用技術上。既使客人蜂擁而至，茶博士托碗、撒船、摻茶、上蓋、敬茶，服務招待節奏輕快，實用技藝很有個性，聽之有樂，觀之有韻，給人以美好的藝術享受。

茶藝文化中的各種文化式樣，都應該是時代的產物。要體現存在的價值，只能在探索揚棄、交流創新中求發展。

范 **你平時如何享受茶藝生活？**

楊 我自己規範了一套禪茶飲用程式。在朝覲和迎賓待客活動中，用這出於自我形式，浸泡奉獻一杯好茶。屆時我會用心去作，進入虛無忘形境界，那是一種思維靜化，似夢非夢，有茶無我的享受。我最大的心願，是為勞動者浸泡一杯好茶。

著名詩人白航寫的《蒙山品茶》詩「一千年歲月的甘苦，溶進一杯茶水裡；一千年雲霧的變幻，凝在一縷茶色裡；一千年春的芬芳，留在我的舌尖上。啊，蒙山……我願把我淺淡的生命揉進你的茶中；讓過路的農戶，潤一潤乾渴的唇舌。」我喜歡這首詩，它道出了我的身心與願望。

范 **您對人生看法如何？**

楊 擁有悠悠人生，不過百年為限。人生一世，草發一春。能用有限的時間，作一點使別人愉快的事，也不枉在這世上走一回了。我湊了幾句話來表達對人生的看法：茶，薪火傳承應無涯。道修身。行立德。仁愛忠厚，助人齊家。一生清和淡雅。

***楊　奇***
蒙山智矩寺茶人

# 黎樹佳

## 專業廣告攝影師
## ——談普洱茶、音樂、茶人的條件

黎樹佳先生，廣東省東莞人。目前是專業的廣告攝影師。

認識黎樹佳先生，大約是在2000年，我應邀到廣州開辦茶藝講座，黎樹佳也來聽課，他的本業是印刷攝影製作，但對茶藝文化也特別喜愛，課程結束後，我們還保持著稀鬆的連繫，當2003年決定撰寫《中華茶人採訪錄》時，他就是我較早屬意的一位。2004年11月2日我應邀前來廣東深圳，一到深圳就連絡黎樹佳，經過約定於11月4日到深圳的梧桐山遊覽、取水煮茶，梧桐山海拔1200多公尺，是深圳最高的山，他經常和朋友帶著茶具到這裡來泡茶，這裡風光優美，假日可全家一起出遊。因此，偶爾約幾位朋友攜家帶眷到這裡享受野外品茶的樂趣。

在取好水煮茶之餘，我就藉機會採訪黎樹佳，時間是2004年11月4日上午9時至13時。地點在深圳梧桐山。

＊　＊　＊　＊　＊

范　**請您談談和茶結緣的經過。**

黎　我很小的時候就喝茶，因為家裡都在喝茶，後來就形成習慣，出來工作後，我不喜歡喝酒，也不喜歡抽煙，就更加的愛好喝茶了！喝了許多不同的茶種，試著了解各種茶的特性，慢慢的就找到適合自己口味的茶。喝茶本來不是很講究的，有什麼茶就喝什麼茶，覺得適合自己的就喝。

大概是92年，我到了杭州去，跟當地的警官在一起喝茶，用虎跑泉和龍井茶搭配，當時這種搭配給了我很強烈、很強烈的感覺，那時候才真的了解到水和茶搭配的重要性；因此，開始注意怎麼樣用水。那個地方離宜興比較近，我們又到宜興去看看壺呀！對壺又有興趣了，對茶就愈來愈有興趣了！擴大為茶文化吧！

**范** **這麼多年來對茶的感受如何？**

**黎** 剛開始是對鐵觀音，單叢為主，因為它的香氣比較高嘛！鐵觀音喝到比較好的，它的茶韻就很明顯，這種茶較少，觀音茶的特色是喝過之後那種留香，齒頰留香。好像聽古琴，彈撥樂器過後那種餘韻、那種感覺。茶韻，我感覺跟琴的餘音是一樣的。

現在喝茶的時間長了，對比之下，好像比較喜歡喝普洱茶。普洱茶要年份比較長的，出生要比較好的，它給您那種的感覺，要您親自去體會才能夠感覺到，不像鐵觀音，高香的綠茶呀！一喝就很愉悅，而普洱茶是要您靜下心來慢慢的去體會，它比較平和，沒有花香那種感覺，完全是那種隨著時間把茶性予以轉變、柔和、平和，就像人生，隨著年齡的長大，經過歲月的磨練，人的性格也就慢慢不像年輕時那麼衝動呀！做事的時候就有這種感覺。普洱茶的茶齡隨著時間的推移慢慢地減弱，使得它的茶性較平和。這樣的話，我們人也隨著年紀的長大，胃接受刺激性的東西的能力也減弱了！對胃來說，年紀大了，相對來說對刺激性的東西不像年



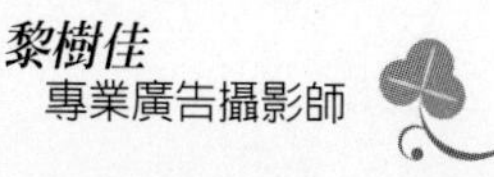

輕人那樣強，那麼隨便可以接受。喝著喝著，就覺得喝普洱茶比較舒服，對胃比較好！有一種安神的感覺！

可能人需要一個過程，現在這裡喝普洱茶的人愈來愈多。其實，各種茶我都會去嚐試，不同的茶類都有很好的茶，它的優點都很明顯，都會給您不同的感受。我們平常都以喝普洱茶為主，跟許多朋友一起喝茶比較不會那麼單調。基本上，喝茶給我的感覺是使得心比較平和，這是喝茶最大的優點，不像酒那樣有刺激性，喝酒一般給人的感覺比較強烈，很容易讓人對它認同，不同的是，酒的香氣比較濃烈，而茶的氣味很微弱，很微妙，那種氣跟味，您要靜下心來，有一個好的環境才能夠品出它的真味。就是它要求的條件比較嚴格，所以，使得您必須靜下心來才能夠品得它，可能就是因為這個原因，喝茶的人心境比較平和，這是我個人的看法。

范 **您喝普洱茶，您怎麼來挑選普洱茶？**

黎 普洱茶有不同的層面。現在我們要找那個年份長的老茶，陳年的普洱茶，愈來愈不容易，時間愈長的，它留存下來的就愈少，這是肯定的。而且要質量高的，那更是不容易。收藏好的，質量高的陳年的茶，給您的感覺完全不一樣，有一種陳韻，茶湯非常清澈，香氣很純的，沒有什麼雜味，很純正，一定要有對比才能作出很好的評斷。能夠碰到老茶是一種緣份，不過，找到新的普洱茶也很不錯，我們就這樣到雲南好多次。如果沒有實地去看，您是不會有那種感覺的，像我們到布朗山去，那是很偏僻的地方，特別是老的普洱寨，從鄉政府去要走路5個小時。今年5月，我們到了布朗寨，因為有位朋友住在寨裡，我們才有機會進去，一般外人很少進到寨裡，那個寨建寨已經有一千多年的歷史，聽說是最老的布朗寨，很多原來寨裡的人都遷移出來，現在寨裡還留下少部分的人，寨裡有一座寺廟，是信仰小乘佛教的，更重要的是，他們有一大片老茶樹，我們勘察了一些資料，發現他們的祖先很早就開始種茶，我的感覺是很對的，因為那裡看不到一叢新的茶樹，都是一些老茶樹，看上去都起碼是四、五百年以上的茶樹。所以，在那裡收成的茶葉不可能是新茶樹的茶葉，茶葉的品質也比較有保障。現在市面上到處打著古茶樹做的茶葉，哪有那麼多！我們開吉普車在雲南轉一圈，一眼望去，大多是新茶園，三、五年的茶園到處都是。新茶園，不是說它不好，雲南地方現在還是較少污染的，只是新茶園比較密植，比較不通風。我們來到了易武鄉，和當地的鄉長聊天，他說新茶園長到10年就必須放肥料，不放肥料它發芽就慢，產量不高，至於放什麼肥，那就見仁見智了；第二個較嚴重的是，因為密植，就一定會長蟲，因此，施農藥就很難避免了。有些管理較好的，還能夠按照施藥的規定去施行，但有些地方因為氣候的關係，蟲害很嚴重，農藥的施放就很難控制了！

所以，找普洱茶是要到產地去看才有保證，否則，在市

面上買普洱茶就只能憑您的感覺去選擇了，品它的茶湯感覺去買。其實，做全發酵的茶做得好也不錯，勐海茶廠做的全發酵茶，以現在的技術，在控制溫度、水分上面已經很進步了，溫度過高往往把茶燒壞了，水分又不能太多，過去人工渥堆的茶問題比較多，以現在的技術，製作全發酵的普洱茶，可以控制好溫度和水分，茶葉不會燒壞而又能把重的茶鹼去掉，使得茶的品質和自然存放的茶葉品質很接近，它的感覺是茶鹼減弱了，但回甘、微甜的感覺很好。現在檢測普洱茶對人體有益功效的都是用全發酵的普洱茶。所謂的「生餅」，其實它跟綠茶沒有什麼區別，它的原材料是普洱茶，其實是綠茶，只不過一種是炒菁，一種是晒菁，一個是烘乾、一個是晒乾。

范 **普洱茶的品飲有沒有什麼特別的方法？如何沖泡？**

黎 普洱茶一定要用高溫的水沖泡，好的普洱茶我們往往是用明火來煮，它的滋味是很全面的，不同的茶還是有不同的方法；新茶的投茶量要少，動作要快；老茶要它的口感，老茶對胃的刺激較少，隨時都可以喝。新茶一般在空腹的時候較少喝它。

范 **您平常喝茶的習慣是怎麼樣？**

黎 隨心情、環境而定。例如工作的時候就隨便一點，有時間的時候就講究些，認真的享受茶，需要找好的茶葉，好的茶具、好的環境、好的茶侶來享受。

在小孩放假的時候，也會安排全家帶著茶具到郊外去泡茶。

范 **請您談談做一位茶人的條件。**

黎 茶人最重要的是品德。儘管有些人喝茶的經驗很多，有很好的條件，如果他的品德不好，我也不會欣賞他的。對我來說，品德是茶人最重要的條件。雖然，喜歡茶的就可以說是茶人，但是，按照我的理解，茶人應該是以茶為主，菸、酒是太刺激的東西，盡量少一些，這樣給人的感覺會好一些。

社會上不同方面的人都可以是茶人，不論是政界的，商界的、或是工人等等，在他空閒下來的時候都可以靜靜享受一壺茶，都可以是茶人。

范 **茶和其他的藝術的關係如何？像音樂呀！繪畫等等。**

黎 我認為每個人的修養，像對文學、藝術的修養，品德的修養，每個人不同，因此，對音樂的看法也不同，喝茶跟音樂的各種樂器是可以搭配的。喝普洱茶跟古琴、洞簫是很匹配的，古琴和普洱茶有很多地方相通的地方，都是比較高古、平和的，感覺是需要時間，然後體現一種歲月過程，這是古琴和普洱茶相同而可以結合在一塊的東西。

如果就藝術方面來說，茶是中國的文化，它跟中國的藝



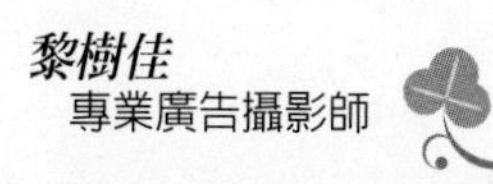

術，像繪畫藝術、書法藝術是很密切的；而西洋畫可能跟酒比較接近些。其實，藝術到最高境界，都是相通的。像雕塑所體現出的美感給人啟發，與茶的美感是連繫在一塊的；像好的音樂，不管是中樂還是西樂，它最高的境界還是相通的。

# 沙國華

## 困難時期出生的茶人
## ——談茶文化發展的願景

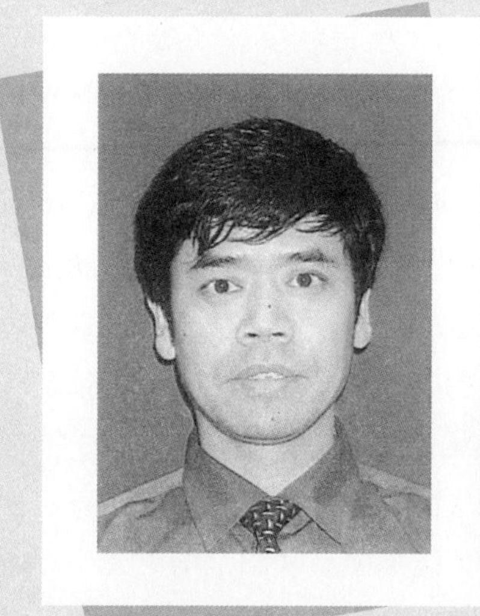

沙國華先生，回族，吉林省長春人。認識沙國華先生是2003年初，我到北京為茶藝師培訓班講課，課餘之便，應邀到「大蘭寶製冷設備公司」參觀，沙先生擔任該公司的總工程師，他雖是做工程的，對茶文化卻有很高的熱情，隨即該公司派有職員到北京外事職高茶藝師培訓中心來學習，彼此認識的機會更多了！

2004年春，為了提升茶文化發展的高度和廣度，我們曾有兩次談到午夜，沙先生對中華茶文化的發展很有見地，於是，我邀訪了他。採訪時間是2004年12月24日。

*　*　*　*　*

范　**請您談談您和茶結緣的經過。**

沙　四年前，記不得是哪一天。我在北京晚報上看到一篇關於「茶」的文章。從此「茶」對我便產生了興趣，這可能會影響到我的一生。想不到一個簡單的「茶」字竟蘊含著中國傳統文化深厚底蘊。這篇文章是一篇訪談錄，文章裡提到一位「茶人」范增平先生。這位台灣著名茶藝大師在接受記者採訪時談到對茶的認識，如此深刻、精闢。其震撼力始終在激蕩著我的靈魂。有幸的是，在2003年結識了范增平先生。當他每一次與我談話時總有一種感覺，他身上有放射不盡的人格魅力。這不僅反映出范增平先生對中國茶文化的傳承與發展，同時折射出做人的真諦。從此有了茶的緣份。

**范** **請您談談對茶文化的看法？**

**沙** 「茶文化」這三個字份量很重，它承載著中國幾千年來茶飲之精萃。從古到今，從帝王將相到普通百性，從文人墨客到才子佳人，從文官到武士，深具民族性的飲料流傳千古而為世人所飲用。自從神農氏發現茶的藥性可提神止渴後，經數千年無數茶人的點撥，今天已成為中國的驕傲。我想中國茶文化博大精深的道義，不僅使中華民族受益，同時將對全世界飲料產生影響。其深刻內涵遠遠高於茶的本身。因為我們已從喝茶解渴的生理需要過渡到文化層面的精神滿足。這是其他飲品可望而不可及的。茶文化造福於所有愛茶的人，被全人類共同享用，現在已經成為世界性的飲品文化。這也說明茶文化貢獻是影響全世界的。因為它來自於中國五千年的實踐精華。中國茶文化講究品位，注重深層次的靈魂淨化。生活中通過茶藝形式可以讓人從緊張和壓力的現代生活中得到鬆弛，也能夠讓焦慮不安的情緒靜下來。這個過程不僅是人體生理需要，而更加注重的是心理的需要，因為它能夠達到精神層面的滿足。使人變得理性、文雅、高尚，生活質量提升。實現為人仁愛，辦事博精。

但隨著時間推移，中國傳統茶文化必將走向現代文明社會。同時承受著西方類如可可、咖啡、可樂等舶來飲品的衝擊。傳統茶文化是否需要完全演變成現代茶文化，而現代茶文化又能保留多少傳統茶文化內涵？我斗膽而言，現代茶文

化應該至少保留其傳統茶文化內容的80%，其餘只是利用現代高科技將茶的成分運用於更多的領域。中國茶文化通過茶藝形式表現出來，利用規範操作行為把茶進行展示。得到的不僅是一杯茶，同時享受的還有如何品好一杯茶及與其相關的茶品、茶具、字畫、音樂、插花等，講究的是一個品字。重視的是過程。而西方飲品如咖啡、可可等講究的是地道的原產地品牌、快捷真誠的服務、衛生整潔的環境，注重的是結果。這便是東方茶文化與西方飲文化不同之處。

維生素可降低膽固醇，可促進人體血液和再生能力，可醒酒、防暑，可降低煙草中尼古丁對體內維生素破壞的影響；茶可淨化血液，使身體保持弱鹼性，提振精神、抑睡意，也能促進胃腸蠕動、便於排毒；茶可漱口、洗目、洗浴、泡腳；常飲茶有減肥等功效。茶可熱飲、冷飲，總之，茶是自然界的靈感植物，它與人類活動緊密相關。茶本身對人身有保健作用。各種茶都可做成包裝飲料，皆可入湯、入菜、做點心。中國是個多民族的國家。每一個民族都有著自己的茶藝行為。因而構成了多元中國傳統茶文化。中國宗教派生出佛茶、道茶、禪茶均有各自神秘色彩。茶與歷史、茶與文學、茶與經商、茶與品性、茶與外交、茶與陶瓷、茶與經濟、茶與風水都有著不解的淵源。可以看出茶已經現成巨大的產業。

范 **您對現代茶藝和茶藝館有什麼看法？**

**沙** 茶藝一詞最早出於寶島——台灣。范增平先生為創始人，於1982年成立了「中華茶藝協會」。1988年6月，范增平先生首次將「茶藝」理念帶入大陸。1989年9月在大陸被國人所認識。1991年在中國福建出現了官辦「茶藝館」。而後上海有了幾家「茶藝館」大多都設在酒店內。1997年，北京等出現了茶藝館。到2000年，茶藝館如雨後春筍般誕生，在北京大街小巷幾乎都能找到，目前已形成一定產業規模。近來我看了一些茶藝館，感到經營模式、裝修風格、服務項目等有著許多雷同，不同的是，對「茶」的認識參差不齊。還有的茶藝館辦的像是夜總會，這樣的「茶藝館」，它能否提供出文明高雅的茶文化，實在令人懷疑。如果視茶藝館為文化經營場所，在審請營業執照時就應該有些專業要求，如規定茶藝師的資格、名額等，我想這樣會好一些。

「茶文化」是包容的，它可以允許任何舶來品飲料與茶共生於一個茶藝館內。也可以將中國傳統各類藝術形式引入到茶藝館內，來滿足不同文化追求的人士所享用。辦好一個茶藝館，應懂一些中國文化，能夠為客人提供舒適幽雅的空間和完美藝術享受，讓客人感到或達到「和敬清寂」的境界。經營茶藝館是商業行為，所以要成為高雅文化的傳播場所，讓在茶藝館內活動的客人，不僅享受到物質和精神滿足，也可淨化心靈、提高品位。

隨著社會發展和進步，物質文明能夠基本滿足生活需求



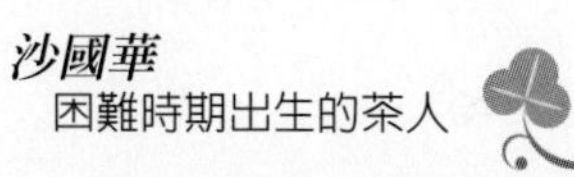

時，人們就要追求精神層面的滿足。茶文化便是理想的目標。因為茶文化能夠涉及到多種中國優秀的傳統文化類別，具有多元性，值得傳承與發揚。北京有所外事職業學校，開辦了茶藝培訓班，在社會上擁有較大的名聲和影響力。范增平先生是這座學校的教授。在學校學習的學生一批又一批。他們視成為范增平先生的弟子為榮耀。學生們持有該校的高級或中級證書，在社會上很吃香。有的自己經營茶藝館，有的在茶藝館工作。他們津津樂道的是掌握了范增平先生的茶藝，知道做茶如同做人。目前茶藝的學習僅限於在校的孩子們，這是缺憾。如果各界人士都有機會了解茶文化，對提升社會文明將有推動作用。

范 **茶藝或茶文化進入正式教育體制內，形成一門學科，您的看法如何？**

沙 如果茶藝有著如此魅力，將其做為一門學科，是必要的。因為茶藝涉及諸多領域，並有著五千年燦爛的歷史。是一門值得研究的學科。因此，「茶藝學」今天不去成立，明天也必將成立。

范 **請談談您的成長過程。**

沙 我出生於 1959 年，當時中國正處於困難時期。幼年成長經歷不堪回首。那時父母帶著哥哥和我，還有弟弟，過著與當時國人一樣艱困的生活。學生時代，上學卻沒能學到應學的知識。高中畢業後去插隊。 1979 年回北京參加工作，在首鋼公司學徒做鉗工。當時正值改革春風吹遍祖國大地。我便走向了自學道路。先後拿到機械設計、公共關係、暖通等文憑。開始完善自我的過程。現任北京大蘭寶製冷設備安裝工程有限責任公司和北京北華蘭寶地溫中央空調製造有限公司常務副總經理兼總工程師。1982年完婚，有一女，今年20歲，現在讀外文。我祖籍吉林長春。回族。

范 **您認爲怎樣才是一位茶人？**

沙 給「茶人」定義實在是不敢當。但「仁愛博精」四個字應該是「茶人」的寫照。我拜讀過范增平先生許多書籍，從中學到茶藝及相關知識，更領悟人生真諦。做茶也是在做人，因此做茶人就必須做好人。在我看來，范增平先生即是「茶人」，更是「聖人」，同時也是平常人。說對茶的研究有足夠的造詣，是「茶人」。說對人生的領悟有著非凡境界，是「聖人」。同時也是一位心態祥和的平常人。稱之為「茶人」當之無愧。

范 **您平時如何享受茶藝生活？**

沙 茶藝文化是中國傳統文化中一顆耀眼明珠。它是一門包羅萬象的學科。首先茶有著源遠流長的歷史，從神農氏「賞百草」，歷經漢、晉、南北朝、唐、宋、元、明、清到現代，有五千年的歷史。茶的栽培與氣候條件、土壤條件、茶園管理、茶的採摘等都有一定的要求。茶的產地分佈和分



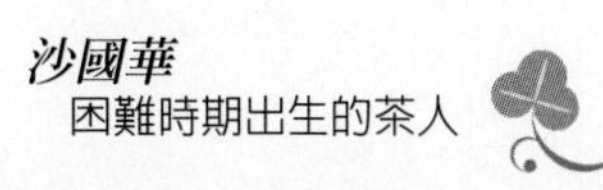

類。茶的加工製造因產地和品種不同而有較大差異；茶的運輸和儲藏；茶的品牌和銷售；各式各樣茶品的泡法和品嚐；茶壺和茶具；茶的功能運用與人體健康；茶與民族宗教；用茶的場所；茶對人生影響和精神層面的作用等，都包含於茶藝文化之中。它本來就是理想與現實、物質與精神的產物。

茶藝對我現在的生活影響很大，幾乎離不開。在我需要靈感時、在我需要安靜時、在我與外商談判時、在我需要知識時、在我情緒波動時、在我興奮和苦惱時，都想在茶藝館得到完美的結果。甚至在家中，也試圖按照行茶十八步操作方法，實現自我滿足，從中品味茶的美。

范 **請談談您的人生觀。**

沙 人生短暫，可以利用的時間實在很少。但如何使之有意義，我想該淡時還要淡，該濃時也要濃。就像品好一杯茶，濃與淡都有著各自的韻味和色彩。凡事追求自然，在自然中加以完善。

# 田　耘

## 以茶畫為依皈的畫家
## ——談孔子也喝茶

田耘先生，山東淄博人，1968年生。目前是專業畫家，並且以茶畫為主要創作題材。為了擴大視野和尋求較大的發展空間，於2004年初選擇到廣東深圳來。至於，為什麼選擇到深圳來，田耘先生說，因為南方的茶文化較濃厚，而且深圳是經濟比較發達的城市，文化建設也已經展開，深圳和香港、台灣等茶文化的交流較容易，機會也會多一些。到了深圳之後，確實如此。田耘說：這裡有很負責任的茶人，對於弘揚傳統文化默默工作的文化人也不少，像黎樹佳老師、陳超老師，他們都給我很大的幫助，我非常的尊敬他們和感激他們。

談到將來的計劃，田耘先生說：因為畫畫前期的投入很大，還好有太太無私的支撐，這麼多年來，如果沒有太太的支持和鼓勵，我也可能無法堅持下去，所以，我也非常感激她！深圳是一個多元化的社會，經濟、文化都比較發達，接受力也比較強，市委、市政府的領導也非常有見地，非常認真地搞文化建設，我在這裡如果有發展的話，計劃把太太、孩子接到深圳來住在一起。

從這些談話中，我們認識田耘先生是一位很有感情和純正的茶人，我們相見是一個緣份。2004年11月3日上午我採訪黎樹佳先生而認識田耘先生，一見如故，相談甚歡於是採訪了他。

*　*　*　*　*

**范** **請您談談爲什麼和茶結緣，會選擇以茶爲作畫的主要題材？**

田 我原本什麼都畫的，山水、花鳥、人物都畫，什麼題材都有，表現的主題也很多；但是在畫人物的時候，自覺不自覺的在畫人物的時候會擺一把茶壺在上面。後來，在山東認識了魯明先生，他在偶然的機會見到了我的畫，他說，你是不是定位為畫茶畫，搞茶文化呢？我一聽，這確實是很有道理，因為茶文化博大精深呀！它是中華傳統文化重要的分支。我自然和茶畫結緣之後，我的創作領域，創作靈感一下子開了！它太博大了，表現的內容非常多，例如，一把茶壺告訴看畫的人，一個茶文化的信息，也是表現古代文人和茶非常默契的關係，非常和諧的關係，這個創作主題非常好。

**范** **您以茶畫爲創作主題之後得到很大的啓發，那麼您最大的感受是什麼？您的心境如何？**

田 最大的感受是使我靜下來，是「靜」呀！原來我是浮躁的，什麼都畫，哪一個人的風格也學，沒有一個方向，很明顯是浮躁。茶是靜的東西，畫茶畫之後使我也靜下來，進到茶文化裡面而不能自拔。

**范** **您自以茶畫爲創作主題之後，作品大概有多少？**

田 作品超過千幅。

**范** **這些作品當中，大約可以分成幾類？**

**田** 在橫向來說，首先就是表現古代文人和茶的一種關係，文人的閒散、慵懶，文人的情趣方面的東西。再一個是茶跟梅、蘭、竹、菊，琴、棋、書、畫的關係。

縱向的來說，包括茶聖陸羽、茶祖吳理真、盧仝、白居易、蘇東坡、鄭板橋等文人與茶有關的人物。

現在以橫向的東西多一點，縱向是深挖掘的東西，目前才開始，像陸羽《茶經》，我是字和畫結合的，我已經完成了一幅 30 多米的長卷，七千多字。

**范** **您的作品當中，您比較滿意的作品是那些？**

**田** 比較滿意的是比較靜意的東西，像以少取勝的作品，我的作品是以空間大為原則，有時候，我的作品就是一個茶壺，一個小文人，他們兩個人在對話，這是我比較滿意的東西，也就是畫面上東西愈少愈精到；另外一個是我和魯明先生對孔子茶道的研究，現在我在創作孔子茶畫，至於，孔子是不是在喝茶，則要一番考究。我們通過各種文獻資料和茶文化的研究、考察，最後，我們有充足的理由說孔子確確實實的在喝茶，我們老夫子的身邊確確實實的存在一把中國的茶壺，並且綻放了中國的形像，這是我們對孔子茶畫的定位，孔子品牌是個世界級的品牌，世界級的文化品牌，孔子是不是在喝茶呢？如果講到孔子茶畫上的意義，那就非常嚴肅了！孔子如果真的在喝茶的話，就可以在身邊放一個茶杯，如果考證結果，孔子不在喝茶的話，您在他身邊放個茶杯就會遭人恥笑了！但是，我們孔子茶道品牌就無所謂了！因為，孔子是不是在喝茶倒不是重點，因為他是一個品牌，我們要把孔子做成中華茶文化第一品牌，沒有任何人可以和孔子文化相提並論的。

范 **您將來如何開拓一個方向，您追求的目標是什麼？**

田 我的目標是我的一生全獻身給茶文化事業了。這一生就作茶畫，絕不會改變了！現在很多人給我很高的價錢叫我畫《水滸》108將、畫《紅樓夢》，很高很高的價錢，我都不作，我認為錢很重要，但也不是很重要。我認為茶太聖潔了，您跟茶結緣了之後，自己也變得非常的清純，上下非常通透的感覺。所以，我不會放棄茶文化，我一生都要從事茶文化。

范 **那麼您喝茶方面有沒有特別的選擇？**

田 我雖然畫茶畫，但是喝茶，我沒有特別的地方，因為茶給我傳達的是一種形式，一種境界，並不注重喝什麼茶，我認為是茶就行，但是，必須是個好茶，比如說變質的茶不行，我什麼茶都喜歡喝。

范 **您說什麼茶都喝，但必須是好茶，那麼您認爲的好茶是什麼？**

**田** 我是認為普洱茶最好，就像孔老夫子說的「中庸」，普洱茶的特性是比較平和、中庸，比較不傷胃，非常綿延，非常悠遠。

**范** **您平常是在什麼情況下喝茶？**

**田** 一般是作畫之餘，我喜歡聽古琴、古箏。我的畫室幾乎每時每刻都充盈著古典的音樂，我的茶具正常的放著，我自己經常泡工夫茶來找感覺，像聞香杯呀！我也用著，這是個過程，作工夫茶給您非常充實、非常精彩的感覺。

**范** **您小時候在家鄉喝不喝茶？**

**田** 我小時候家鄉的茶文化氛圍並不濃厚，因為當地不產茶，只有老人家喝茶的時候，我也跟著喝一點。在淄博地方，一般平民大都喝花茶，但是講到鐵觀音、龍井、碧螺春這些茶都知道。

**范** **您的成長過程是不是講一講。**

**田** 我是出生在一個書香家庭，我的老爺爺是私塾老師，爺爺雖然沒有文化，但是，是一個非常忠厚的人，我們的家庭當時是出生不好，是地主。我的父親是從事40多年的美術老師，我從小就在父親的薰陶之下，8歲開始學畫；母親是一位京劇演員。所以，我把女兒送到山東藝術學院學京劇，我也非常喜歡京劇，但是，我沒有去做，我讓女兒來完成我的心願。我在當地上了中學，後來考上天津美術學院，師從何家英老師，他是很有名的工筆畫家，還有一位是李孝萱老師，李孝萱老師給我的影響最大，他是很有個性的老師，他給我們上第一堂課的時候，就說，當您們舖下宣紙的時候，您們必須心靜如水，當您做到心靜如水的時候，您絕對會非常靜心的，非常清心的和您的宣紙對話，藉著您的毛筆，不會有任何的邪心雜念，功名利祿，什麼都沒有，就是跟您的宣紙對話。他說得非常深奥，我就是受他的影響最大，接受他的繪畫理念。

范 **現在我們說「茶人」，在您的心裡面認爲怎麼樣的人才能叫茶人？**

田 我認為真正的茶人，首先人品必須非常好，這是最重要的一點。第二個是要有責任感，說大一點，對國家、民族要有責任感；說的空間小點，必須對茶文化要有責任感。然後是振興茶文化，讓茶文化發揚光大，因為茶文化是我們中華文化不可或缺的重要主要部分，它的包括量是非常大的，所以說，就需要有一批非常有責任心的，道德品行非常好的人去承擔這個重任，這才是茶人。

范 **您對目前的茶文化有什麼看法？**

田 我對目前茶文化的看法，特別有一些官方的機構還不是很純潔，一些官方的操作呀！這是我個人的看法。因為，茶是非常聖潔的東西，我覺得我們的操作機構，我們的

主持機構應該向茶一樣純潔。

范 **您認爲如何來振興我們的茶文化？**

田 我認為要振興我們的茶文化，必須把大的機制做好，把一些有作為的茶人，茶文化各個領域有建樹的茶人，非常優秀的茶人，人品好的茶人，有事業心的茶人，有責任感的茶人，有遠大目標的茶人，有機的融合起來。現在我覺得茶文化隊伍有點魚目混珠，很多花茶館的老闆拿了多少錢就可以當理事，這是真實的事，我這不是說，花茶館的老闆不好，我認為茶這個東西如果做成那種花的、黑的，太濺污了茶這東西，茶還是純潔重要。

# 汪瑞華

## 茶藝教育的實踐者
## ——談深圳人的孤獨和困惑

汪瑞華女士，漢族，四川省綿陽人。上海同濟大學碩士。

2004年11月3日，我應邀出席在廣東深圳所舉辦的「中國茶道論壇會」，在開幕式的茶藝表演上認識了汪瑞華，彼此打了招呼。汪女士很客氣的介紹了一下她主持的瑞清園茶藝館，並說那裡辦了茶藝師培訓班，希望邀我過去指導。因為是在活動場合，我也客氣的答應說：好啊！好啊！此事過後我也忘記了，11月6日論壇閉幕會，瑞清園又再次演出，汪女士在現場又再次邀請我，因為我下午已安排了重要的活動，只好說下次再去，但是中午宴會時，車子就來接了，汪瑞華一再的力邀，希望我無論如何能前往參觀一下，我看她那麼誠懇，就說下午的活動想辦法推辭看看，中午宴會我盡量提早走，這樣才不會影響到別人的情緒。可是，宴會上我被安排在主桌，有多位貴賓和領導，實在無法提早離席，等到結束已經近下午二時，我一出宴會廳汪女士就迎上來說：我們走吧！並說她的車子已經在外面等了。我說不行，我還沒交代好呢！等我交代好，已經下午三點了，她的先生開車在外面等了很長的時間，她們的誠意讓我頗為感動！

到了瑞清園茶藝館，一進門我就看到我的書上操作三段十八步的照片被放得大大的，寬敞而佈置有致的瑞清園，給我很好的印象，本來只想看看，卻坐下談了起來，愈談愈有味道，時間很快，五點鐘的另一個約會已經一再的打電話摧，而隔天上午我就要離開深圳到廣州，那裡已經安排了拜師儀式，汪女士立刻說她也要過去。於是隔天在廣州我們又見面了，汪瑞華也參加了拜師。

敘述這一段的目的是想要說，一位茶人必須要誠心誠意，積極進取，認認真真做事，實實在在做人，茶人不是玩物喪志閒散不做為的人。因此，這是我認識汪瑞華並接納她的最大原因。採訪時間就在2005年1月8日。

* * * * *

范 **請問汪老師，您是什麼情況下和茶結的緣？**

汪 雖然我是個建築師，但是平時看到茶就想要接近它，就是有這樣一種感覺，可能應該說是被它的那種味道和藝術的氛圍所吸引吧。另一方面呢，我曾給人家做過很多茶藝館的設計案，通過這些工作，我接觸過一些江浙一帶的茶藝館的沖泡技法、表演等等。還有我自己本身以前也是搞藝術繪畫的，開過個人畫展，讀碩士時又轉到室內設計，可能偏向於一個藝術空間的創造行為，從室外走到室內。那麼也是很偶然的機會，有了這麼一片場地，第一個念頭就是想開茶藝館。

范 **那麼在這之前您有喝茶嗎？**

汪 我有喝茶，都是喝花茶，但是我1995年來到廣東之後，我接觸到烏龍茶後，就開始喜歡上烏龍茶了，我覺得什麼茶都沒有烏龍茶香。

**范　您祖籍哪裡？家庭和茶有淵源嗎？**

汪　我祖籍四川綿陽，但是我是在寧夏銀川出生長大。我父親年輕的時候做過茶，我的外公在天水和廣源一帶是當地最大的茶商，當時批發、零售、生產都有，生意做得很大，是當地首富。所以我算是祖上有一些淵源吧。我父親那個時候，算是商販吧，從四川去我外公那裡販茶，算是我外公的一個商戶，後來不知道怎樣就把他家的大小姐給娶了，這都是解放以後的事了。所以我一直在想，我愛茶一定是因為有這個淵源，但是我母親和我講的不多，西北地區都是重男輕女，女人是不准參與生意的，所以我母親知道的不多。我對茶的感覺，不知道是因為我從小就學畫，還是因為我本身祖上就有這種淵源造成的。

**范　家裡做茶這方面是否請您多談談，後來又如何到銀川、到深圳的？**

汪　是這樣的，我父親是五、六十年代左右，做為知識分子支援邊疆到的蘭州，是屬於蘭州鐵路局銀川分局，我母親是蘭州石油學校畢業，後來偶然和我父親認識之後，結婚調到銀川，我們就是在銀川出生長大的，直到高中畢業離開去上大學。上完大學之後，我被分配到寧夏大學工學院的建工系，那是 1988 年到 1992 年，當了四年的大學老師，主要是講建築的理論知識，後來 1992 年我又重新回學校去讀研究生，讀了三年，畢業之後，因為我先生在深圳，他比我早畢業三年，所以我就跟來了，當時本來是要到深圳大學授課的，但是心裡又覺得，一直到這麼大都還沒離開過學校，實在很想進入社會，因此才進了東海外建築裝飾工程公司，這是深圳第一家註冊的建築裝飾公司，001 號，項目做得相當大，我是他們第一個科班出身的建築室內設計的碩士生，我在那裡做了兩年，後來一個很偶然的機會出來自立門戶，自己做項目，主要以設計為主，施工為輔，有時候設計費收不到，業主就用施工來做補償，用施工掙錢，慢慢的就進入到施工。到了 1998 年，我進了深圳技術學院，它剛成立建工系，技術學院的院長俞仲文是我大學時候的校友，他力邀我過去幫他籌建室內裝飾教研室，我就以主任的名義去了。兩個月之後，到了第三個月，他要調檔案，給我教師編制，讓我成為國家正式教師，我也因此和他們告別離開了，什麼原因呢？我覺得太壓抑了。離開了之後，我發現這個學校給我的最大感受是讓我看到了職業教育的希望，所以後來我為什麼想做職業教育，就是受了俞仲文的影響，他留學德國，留學日本，走了很多國家，對於技能訓練發達的地區，他不停的去考察。他率先成立了深圳技術學院，雖然是大專，但做得卻是全國最好的一所學校，擴張到了現在有上萬名學生，都是他一個人做起來的。我的這個師兄相當偉大，是個很敬業的人，如果有機會的話我介紹您們見見面，他對於職業教育的推廣非常有一套，是全國十大優秀校長，好像還是五一


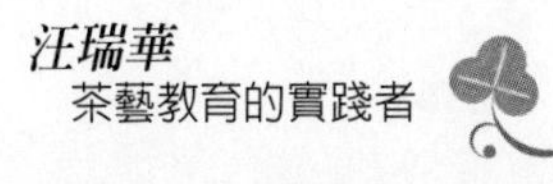

勞動獎章的獲得者，五十多歲，每天都是超負荷的工作，在他身上我學到了很多敬業的精神，同時他也告訴我職業教育應該怎樣去做。通過這個因緣，我準備走技能的路，而在2000年的時候成立建築裝飾培訓中心，因為我那時也看到了大批的工人需要培訓。後來由於場地規劃的關係，我利用其中的一部分來玩愛好——茶藝館，結果就這樣玩起來了，不過也發現到一心不可二用，那邊建築學校，這邊是茶藝館，真的不可能同時進行。我考慮再三，只好把建築學校放棄了，全身投入到茶藝了。

但是投入到茶藝之後，我又面臨了和建築行業同樣的問題，我的員工同樣缺乏技能，需要技術培訓。或許就是這種出於一個教育工作者的良心和一種社會責任感吧，我覺得我應該去做茶藝師的培訓工作，我覺得作為一個教育者，無論你是什麼方向，關鍵是這群受教育者需不需要你去教育他，這是最重要的。我經常對人講，我不是自吹我是責任感多強的人，但是我起碼具備一個公民應該具備的責任感，應該說是因為我的善良和責任心吧。

范 **那您是哪一年開始投入到茶行業的？**

汪 2001年7月，還不錯，我兩年不到就回本了，現在基本上就是純利了。但是我去年開始搞培訓之後，投入了十幾二十萬元，都沒有什麼回收，可以說在培訓上我一直都在賠錢，這一點勞動局也看到了，所以他們幫我尋找生源，因為他們也看到了我的付出，覺得我這樣一個老師，至少對勞動局這個政府的品牌負責，那麼我也是問心無愧了。我常說，我開茶藝館，完全是一個無意中的決定，一秒鐘的決定，當初我先生說：「你不是喜歡茶嗎，那就開個茶藝館吧，反正你懂設計」，結果，開始施工之後，我就把我銀行的錢一直提出來支用，就好像在花別人的錢一樣，花了之後才發現自己什麼都沒有計劃好，就這麼開張了。有時候想想，我這個人有一個好處就是膽子大，有句話說：做事業要無畏，做人要無悔。我覺得我有這個無畏的精神，敢勇往直前走下去，包括後來做培訓也是，很多廣東人問我：憑什麼你來做茶道老師，你什麼都不懂。我說就是因為不懂，才什麼都不怕，才敢去做，包括做茶藝館，做茶藝老師，我覺得我敢開口。我每次都會先和學生說，我說我進入茶藝領域三年多，我原來是做什麼的，我僅僅是個愛好者，我只是把我的感受講給大家聽，學生中有這麼多茶商，這麼多大老闆，我有講的不對的地方，都可以提出來討論，因為教學相長嘛。其實我覺得我在這個過程中得到了學生很大的回報，包括這次表演也是，我的學生都是自發的到我這來排練的，我都不好意思，因為她們也是有家孩子的，可是她們說：老師，我們要堅持到底。這讓我真的很感動。我們這些學生和別人不同，你看那天去表演的時候，有的人都是帶著孩子去的，所以非常的不容易。所以一看到這些學生，我覺得這個茶藝教育非常值得做下去的，有時候我覺得做為老師可能最



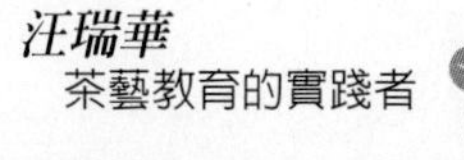

後需要的就是這個。

我五、六月開這個班的時候，正是我父親發現身患肺癌，我本來應該馬上回去的，可是那時候我第一次遇到這樣層次的一班學生，都是高中、大專、大學以上的，什麼樣的程度都有，我都不知道該怎麼教她們了，那時候就天天講、天天講，茶藝館也混亂了一個多月。後來等到這個班畢業，六月底了，我父親已經不行了，我趕緊接他到深圳來，在醫院住了十天就過世了。所以我那一班的學生現在都不敢見我，我也不敢見她們，我們都怕回想起那個過程，我一般都不敢提到這件事，我一直都很內疚沒有回去陪父親最後一段，後來我有回去老家安葬他。父親過世不到一個月，我就又開始上課了，從那時到現在已經開了四期的培訓班了。第四期幾乎都是殘疾人，他們特別喜歡我的課，即使行動不方便，那天表演他們也都去了。

但是我現在困惑的是這個整體，我不能一直這麼下去，我現在是賠了我一個人進去，過去是我賠了我的教室裝修，我賠了很多設備。現在我給勞動局上課，不賠了，勞動局付給我講課的酬勞，而且很高，但這不是我的最終目地，如果這是我的最終目的，我到處去上課賺錢就好了，有很多地方還請我去上建築室內設計的課呢，我都沒有答應。那麼我為什麼可以幫他們上這個茶道的課，我肯定是有目標的。

**范　在從培訓工作的一年多來，您覺得有什麼不足，短時間內最需要改進的地方是什麼？**

**汪** 我覺得現在自己在茶藝教育上很孤獨，沒有人可以商討，學生當然是很好的反饋對象，但是在教育體系中深圳沒有可以交流的地方，是個空缺。而且深圳的人口教育程度都很高，來深圳的人都是有一定水準的，可是為什麼這一塊就沒做起來，我們也一直都在探討這個問題。另一點呢，就是市場很大，但是沒有真正的打開它，所以商家都覺得有潛力可挖。另一方面呢，市場又很小，因為它是一個精神層面的東西，甚至到了宗教信仰的層次了。一般人，物質上都溫飽了，也覺得精神上很滿足很充實了，可是為什麼還是對錢耿耿於懷呢？說到底，就是精神還沒有上升到所謂的宗教層面上，很多人對宗教很困惑，以為一定要信佛教、或一定要信基督教才行，我說那不一定，宗教信仰的層面應是很寬廣的，一個人只要有了信仰，哪怕他穿的是布鞋，吃的是豆腐白菜，我覺得他就是一個很健康、很幸福的人了，我始終認為這是一個真理。但是怎麼樣把這個真理推廣開，讓人心不那麼浮躁？深圳的人現在是全國第一浮躁，最嚴重的層次就像香港一樣，永遠都在想著：我明天怎麼辦；有再多錢的也還是一直想著：我明天會不會錢不夠。所以說很多深圳人告訴我說他們活得很累、很苦，但是又不像香港人，受的是英國的殖民地教育；他們骨子裡又很留戀以前的大鍋飯，後悔怎麼跑到深圳來了。我周圍有很多這樣的朋友，每當我一提到茶道，他們就表示出想來學的興趣，但是一問他們什麼時候來，都說一時挪不出時間，那可要花好幾個星的時間來



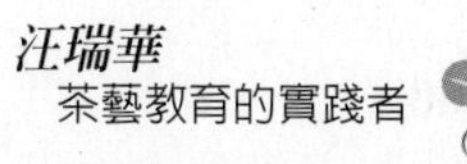

學啊，大塊的時間都不願拿出來，因為在深圳時間就是金錢，這一點也是我對深圳培訓市場的困惑。

另外在教學方面，一個就是我說的感覺孤獨，因為深圳除了深大之外沒有什麼高等學校，教育上很難溝通，尤其茶藝又是一個新興的行業。還有一點呢，就是我覺得自己的欠缺特別多，尤是站在講台上的時候，所以我自從上課之後，別人看到我整天都背著書，因為我真的是覺得書到用時方恨少。所以我為什麼中級班的學生都報了名了，我還沒敢開班，就是我希望在初級的部分能做得再好一點、再好一點，到了我準備好了的時候再開，我是這樣想的，而不是說只要來了錢就上課，我不是這樣。所以很多人都交了錢了，我還都壓在手上呢，我讓他們再等一等，我要有一個準備的過程，我也想在初級班多巡迴幾次，讓自己再有經驗一點，因為每次教學我都會有感受，都會改正和提高我教材的質量。

現在是政府在支持我，把我推到這個平台上，開班的時候我就說我很感謝勞動局，給我這個茶藝愛好者這樣一個平台，給我這樣多的學生，而且這些學生正是我想要的，大部分都是三、四十歲的已婚女性，很多都是社會的菁英，對我是一個很大的挑戰，而且這些學生將來就是我的市場，我們將來的定位就是這些學生，她們不一定要把茶藝當專業，而是通過茶藝學到一個好的方法、好的態度，更好的投入她們自己的事業。所以我也經常對她們講，這個東西是一個工具，不要玩太久，我們不是來做秀的、也不是來做表演的，我們是來通過這個工具，讓你的心態放平放穩，讓你用一個所謂的平和的狀態，回到家庭、回到社會，這才是我們要達到的目的。

范 **那麼您又做茶藝、又做室內設計，在時間上您是怎安排的呢？**

汪 我自從做了茶藝之後，室內設計工作就劃了個圓滿的句號。而且現在茶館也有人想要買過去，還在洽談中，因為我覺得，我從開始做培訓之後，等於我的茶館經營也劃下了圓滿的句號，如果讓我再開下去，我可能會很難受，因為每天面臨的就是人員流動和收錢，這不是我嚮往的生活境界，而且我覺得等我的培訓平台獲得了社會的認可之後，我的茶館就可以結束了，至少我要退出經營，我這個人就是這樣，我一心不能二用，當初在《女報》做建築案子的時候，人家給我很優厚的待遇，讓我把設計做完，還答應免費為我的茶館宣傳、給我寫專訪等等，都沒留住我。

我進入茶藝行業就是從您這本書開始的，我的教材中吸取了很多您書中的菁華，所以我一直都很崇拜范老師您，很早就想要和您見面，我去年就一直打聽您的電話，這次終於有機會把您請過來，在茶藝教育方面我一直想向您取經、拜師，同時我希望能找到一個好的、能做下去的模式，這個不是錢的問題，而是一直能有學生讓我把我的教育理念推廣出去。其實一個老師最大的失敗不是收不到學費，而是沒有學生。



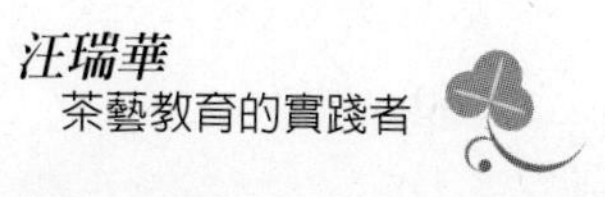

**范** **您也是一個妻子和母親，要家庭和事業兼顧，您是怎樣安排的？**

**汪** 我的孩子很獨立，從六歲就脖子上掛著鑰匙，他會煮簡單的飯，每次打電話給我，都說我已經弄好了，媽媽你忙你的吧，還告訴我他把功課放在哪了，我要在哪簽字，是他囑咐我，不是我囑咐他。這也是我對他的一個教育方式，我始終告訴他學習是你的事不是我的事，將來成功也是你的不是我的，我現在只是扶養你，你有本事讀到什麼時候我就一直供你，這也是我父親給我的教育，我的家庭生活一直都是很富裕的，父親給我的教育就是，你想學什麼，只要你肯學，我都供你，但是我不強迫你，所以我也是從我父親那裡學到這一點，我對我兒子也是這樣，他想學什麼我提供資金，但是學的過程我幫不了你，但是我要求他學什麼都要堅持，所以在孩子的方面，我倒是很放心的。和我先生的關係上，他給我的原則就是，你想做什麼就做什麼去，只要不是常常回來說：哎呀！煩死了等等的，這樣就行了，家裡的事情都是由他負責，他提供我們一個穩定的家庭環境，我就是做我自己喜歡的事就 ok 了。所以相對來講，我的家庭環境是很寬鬆的。我現在是越走越往文化的方向走了，我覺得和我的背景有關，因為我和我先生都是教書出身的，所以他對我做教育特別的支持，他認為做教育是利國利民的，那麼我何樂而不為呢？而且我現在在深圳已經有上百名學生了，我的學生每個月都會回來我這聚一聚，所以將來我相信這一塊會越滾越大。勞動局說要搞一個茶人學會，我說我對學會沒興趣，但是我可以提供平台，幫助他們培訓，隊伍會越來越壯大的。

范 **您認爲什麼樣的人才能稱爲茶人？**

汪 我覺得只要愛茶、好茶的人就是茶人。因為茶是靠緣份的，沒有緣份的人是走不到茶行業裡來的，人家就奇怪我說，汪老師你哪來的那麼大的魅力，所有的學生都往回走，因為別的班的學生都是學完就走了，一批一批的，過去就過去了，就是我這，經常就回來一大堆學生，坐著聊天，因為大家本來就是什麼行業都有的，能夠走到一起就是一種緣份，大家又一起在茶道班學了一個月，就變成同學了，在生活上互相幫助、在事業上互相支持，找到了一個平台，這一點對於深圳這個移民城市的人很重要。所以我也經常和學生說，你們應該經常回來，而且我在初級班的時候就把您那個無我茶會教過了，我說為什麼把這個從高級拉到初級來教，就是想讓大家珍惜因茶而來的緣份，茶會是任何學了茶的人都能做的，大家可以在任何時候席地而坐，圍成一圈，我在學生畢業的時候都會帶她們到山上去辦茶會，她們玩上癮了，就經常自發的搞茶會，所以我覺得這也是我對她們的一個小小的貢獻吧。

范 **謝謝您，您談得很好。**


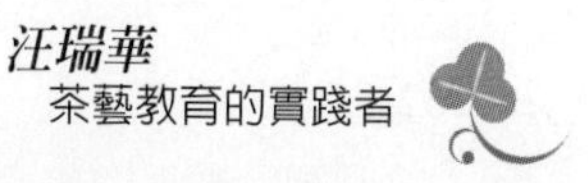

# 陳　琿

## 耐沖泡的茶人
## ——談中國茶葉博物館籌建秘辛

陳琿女士，漢族，浙江省杭州人。是世界第一茶葉博物館「中國茶葉博物館」籌建辦公室主任。所謂辦公室，其實也只有她一個人在辦公，那已是將近20年前的事了，我也是在那個時候認識陳琿的，中國籌建茶葉博物館的消息是我最早帶到台灣新聞界發佈的，刊登在1989年4月26日的《中國時報》上。

由於我對茶文化和茶藝的關注，尤其是對推動兩岸的茶文化交流發展具有使命感，而杭州有「茶葉科學研究所」、有浙江農業大學茶學系、茶人之家等一批專家學者，後來又籌建「中國茶葉博物館」。因此，自1988至1993年的4、5年間，我曾密集拜訪杭州，其中1990年在杭州舉辦的「國際茶文化研討會」，我是論文發表人、主持人，在研討會的閉幕式上，我得到湖南省副省長、也是茶葉專家陳彬藩先生的支持，上台倡議成立「茶文化研討會」的永久性組織，推出中國代表陳彬藩先生，韓國代表崔圭用先生，香港代表葉惠民先生，台灣代表范增平先生，當天晚上，在陳琿女士的協助下，擬定了組織章程草案提交給此次研討會的會長王家揚先生，這就是今天「中國國際茶文化研究會」的緣起。這段歷史，可能現在活躍在媒體上的一些所謂的「茶人」都不知道，但是，王家揚先生、劉淵先生、吳堯民先生等等，以及一些曾經參加1990年研討會的代表應該記得，還有陳彬藩先生在1993年出版的著作《甘為改革開放馬前卒》一書，在第301頁有記載一段。這也是我曾積極的想以杭州、蘇州、上海為中心推動茶文化的一部分，還有許多構想，當時陳琿女士大多是清楚的，但是隨著時間的推移，我漸漸淡出江、浙。1997年以後，我大部分時間出入北京，推動茶藝教育和茶藝師工種的認證考試。在此，也希望研究茶文化史的學者認認真真地、確確實實地翻閱、搜集當時的歷史資料，忠於歷史事實。

在淡出江、浙的十年來，和陳琿女士的連繫很少，更何況見面了，但常在想念著這位茶文化界較為奇特的女子。2003年初，我再到杭州想拜訪陳琿女士，還邀了茶葉博物館的周文棠先生陪同，到了迴龍廟前，轉了三個多小時，不斷的詢問和打聽之下才找到她的住家，了解到她的近況，當時即想要找個時間訪問她，請她談談籌建第一座「茶葉博物館」時一些不為人知的秘辛。

時間匆匆過去，直到2005年1月8日才完成了這篇訪問稿。

* * * * *

**范** **請您談談您是怎樣和茶結緣的？**

**陳** 我是因為籌建中國茶葉博物館，才與茶結緣的。雖然在這之前也喝茶，並且還特別喜歡喝龍井茶與珠茶、桑芽茶。作為杭州人，喜歡龍井茶是因為它是家鄉的名茶，以及它特殊的清馥與味美；喜歡珠茶則是因為它的神奇，兩三粒綠珠就可泡一杯濃茶，葉子大大的在杯中展開，令人非常驚

喜；而桑芽茶則是在偶然喝到後，立即被它的甘甜與嫩綠之色所征服，沒想到司空見慣的桑芽可製成如此味甘之佳茶，從此便愛上了桑芽茶。不過，這些都僅僅是將茶作為一種可口的食品而已，還談不上與茶結上了緣。所以，直到籌建茶博館的初時，我還不懂茶。但那時，茶博館的總體內容設計重任卻因機緣而命運使然地落到我的肩上，好在文史是我的強項，美術是我的熱衷，而自問也不乏想像力和創造力，因而面對挑戰反而熱情高漲起來。當時不少領導都曾多次憂心忡忡地對我說：「小陳啊，幾片茶葉怎麼能搞成個像樣的博物館？你身上的擔子很重啊！」這確實是當時最讓大家心裡沒底的事了，甚至有人說，先把項目爭取來再說，搞不成博物館就搞個賓館吧！我苦苦尋求著突破，在看到西方博物館學的新理念「思想也可以陳列」時，心中一亮：歷史就是文化與思想！我可以發掘出豐富多彩的茶的歷史來陳列！由於白天還有許多繁雜的籌建工作要幹，所以，我只能熬夜和利用節假日去翻閱大量的有關書刊，直看得張眼閉眼滿是「茶」字在飛舞，終於整理出第一份中國茶從古至今的歷史，並以此為據構思成一份數萬字的《中國茶葉博物館總體設計方案》——今天已聞名於世的中國茶葉博物館正是從這份方案開始的，由此，也就與茶結下了深厚的不解之緣。

**范　世界上第一座茶葉博物館「中國茶葉博物館」當年籌建時，您是籌建處辦公室主任，請您談談籌辦中國茶葉博物館的緣起、過程到完成的經過，這座博物館的特色如何？**

陳 要說中國茶葉博物館的誕生，其大背景是「十年文革」摧殘得一片凋敝的文化園地，因「逢春」而開始復興，形成全大陸範圍的文化熱；小背景則是中國茶業也在「文革」期間遭到巨大摧殘，在百廢待興的改革開放時期，正尋找振興契機，這時受到台灣茶文化熱的影響，再加上當時國內政治環境逐漸寬鬆，生活漸漸得到改善，民眾有喝好茶的潛在要求等等，如此諸多因素下，杭州茶文化就升溫了。1982 年，浙江茶人創立了國內第一家茶文化機構——茶人之家，它的宗旨是普及、交流茶之科技、文化、學術，以「茶人」為主要對象，取「天下茶人是一家」之語定名，很有幾分感人的純樸親情，這就首開了國內茶文化熱之先聲。儘管聲音還很稚嫩，對茶文化的認識還很淺表，但畢竟是嬰兒落地的第一聲響亮宣告。同時誕生的還有一本名《茶人之家》的雜誌，其中有：「茶與文化」、「茶的品飲」、「茶事史話」等文化欄目，對推動茶文化深入發展，作出了努力。

隨著茶文化熱的增溫，「茶人之家」漸漸顯露出不足，而同時「茶人之家」的創辦成功，又極大地鼓舞了浙江茶人的信心，他們萌生了更大的發展願望——辦一個茶葉博物館：初時只是願望、建議，畢竟辦一個博物館的資金、場地，以及辦館能力等多方面的大問題，不是憑良好願望就能解決的。事有湊巧，隨著大陸改革開放力度的加強，僅憑藉著西湖風光美的杭州旅遊業漸落人後，浙江省和杭州市的旅遊部門開始為杭州「引不來人，留不住客」而犯愁，逐漸重

視起有當地特色的人文景觀的開掘，於是將目光瞄向了浙江的兩大著名特產：絲綢與茶葉。1986年初夏，主管這方面工作的國務院副總理谷牧，到杭州考察後，就在清波蕩漾的西子湖上，拍板定奪，作出了在杭州籌建絲綢、茶葉、藥業、南宋官窯四個專業博物館的決定。「中國茶葉博物館」就這樣開始孕育。

當時的首要任務是：1. 落實資金；2. 確立專案。資金，最初定下來是總投資300萬元，決定由國家旅遊局、浙江省旅遊局、杭州市政府按4：3：3比例分攤，所以不成問題；而專案，雖已確定，但還須按程式審報確立，因此有一系列手續要辦，其中最重頭的是《專案建議書》、《可行性研究報告》、《計畫任務書》的制定及報批，這需要大量的資料與具體調研分析報告；同時進行的還有建築方案的落實、規劃紅線的報批（要蓋一百多個圖章！）、建築用地內的拆遷、徵用土地的補償等工作，可以說，僅這些工作就是大量的，而緊接著又有博物館總體設計方案、內容陳列方案、以及「三通一平」等大量前期工作，而人手，在長達一年多的時間裡，這茶博館籌建處的真正人員只有我一人，工作的強度可想而知，如今想來，幸虧當時年紀輕，精力旺盛，當然，各種強有力的幫助也有不少，下面容我慢慢道來。

提起往事，一切還都那麼鮮活。那是1986年8月的一天，當時還在杭州市考古所工作的我，正在浙大老和山漢墓群的發掘現場，忽接到要調我去籌建茶葉博物館的通知，我一下就懵了：我是因為喜歡探索歷史才格外喜愛考古工作的，怎麼能夠這樣突然地就轉向呢？何況當時我正在準備浙江美術學院西方美術史的碩士考研，我熱愛的是文史哲美，而茶葉是什麼，不就是一種植物和食物嗎？離我嚮往與努力追求的學問何其遠哉！所以當時我的第一句話就是「我不想去！」然而，事情已是由不得我了，接著我就被安排到杭州市園林文物局動遷處，借了一桌一椅，開始了中國茶葉博物館的籌建工作。記得當時動遷處處長還興沖沖地去刻了一枚「中國茶葉博物館籌建處」字樣的公章，他滿臉得意地向我揚了揚說：「這顆圖章有『中國』兩個字，來頭特別大，沒有特批文件是不給刻的，看，我給刻來了，不過現在這個項目還沒有正式下文，圖章是不能用的！」這使我感到很新鮮也很有使命感，不過這時我還沒有放棄考研。

開始，前期工作確定由動遷處承擔，陳列大綱原定由在浙茶葉界提供，而我的任務，領導並未明確，只讓我「坐在那裡」，以便「中國茶葉博物館籌建處」可以確立及運轉。也就是說，我的工作是由自己看著辦的，所以，除了處理一些雜務外，我主要在自學博物館學及搜集茶文物資訊。但很快繁忙的工作就壓了過來，作為「中國茶葉博物館籌建處」的唯一人員，大量的前期工作我是必須分擔一部分的；此外，有關的文件、圖紙都須找來，整理建檔；而有關會議也都須參加，並撰寫會議紀要、送審報告等等。而陳列內容方

案，原承擔單位只提供了一頁將茶劃為種植、商貿、科研、健康、文化等八項內容的表格，離博物館的陳列方案差距很大，顯然，編撰者並不具備承擔這一高文史含量任務的能力，且要價非常高。當時，分管局長很不滿意又很著急，說，馬上就要開會審定《專案建議書》了，陳琿，你能不能拿出個簡單的方案來？就這樣，我開始投入陳列方案的撰寫。第一份近萬字的方案《中國茶葉博物館陳列大綱（討論初稿）》，是花了一周的日夜完成的，主要從博物館學及運用多種現代陳列手法的角度，展示茶的文化歷史與品種、益體健康、科研等豐富多采的各方面內容，並提出對建築的要求。該方案由局裡通過後，又印發給參與審定會的領導和專家，獲得通過後，趕緊連夜編製《專案建議書》。1986 年 10 月 23 日，在浙江省計劃經濟委員會 777 號《關於〈中國茶葉博物館專案建議書〉的複文》中，此方案已作為該《項目建議書》得以批准的一條依據。

好不容易才獲《專案建議書》通過，但急匆匆趕出來的陳列大綱我並不滿意，現在我面臨一個個人生命取向的重大選擇：是繼續考研還是全身心投入籌建工作？當時中國大陸有句很激情的話「人生能有幾回博！」我深受影響，心想，這是命運挑選了我，我要出色地博它一回！同時，茶博館建在金貴的龍井茶地上，土地局長曾在協調會上語重心長說：「這裡可是一寸土地一寸金，籌建的同志可千萬要負責任呀！」這話就刻在我的心上，讓我倍感責任重大。在這樣的情勢下，我放棄了考研，開始超負荷工作：在繁忙的工作之餘及節假日和晚上，翻閱大量的書籍報刊，廢寢忘食撰寫出《陳列內容設想》與《內容設想補充稿》，在徵求各方意見並到多家博物館考察及到余杭徑山等地搜集茶文物資料後，於1987年春節假期，吃著冷飯，開著夜工，又進一步充實內容，大膽展想，撰寫了2萬多字的《中國茶葉博物館陳列內容及總體設想》，2月3日完成後，即列印近百份，分寄給全國有關專家與領導徵求意見。從起初，省市主管領導都有「幾片茶葉怎麼搞成個像樣的博物館」的深深憂慮、疑惑，到僅兩個月時間就拿出內容豐富，形式創新的《總體設想》，獲得了領導和專家的一致好評，並於2月21日通過審定，以後，建築方案就以此《總體設想》來設計。這是在許多茶人（尤其是中茶所的領導與專家們）無私地大力支持與幫助下，我認真負責熱情拚搏的成果，我感到很是欣慰。

也沒來得及休息，又投入到《可行性研究報告》和《計畫任務書》的制定與審報工作中，2月底寫好上報。當時，動遷處懂建築的陳葉根副主任已明確兼任「二館籌建處」主任（另一館是南宋官窯博物館），故茶博館的徵地、建築方案審定、勘察設計等工作也隨即展開。同時，我們還抽空考察了上海、江蘇、安徽等地的博物館建築與陳列。3月中旬，為爭取茶葉博物館能冠上「中國」兩字，我又與陳葉根去北京3天，跑了農牧漁業部、商業部、文化部、文物局等各最高主管部門，並拜訪了「當代茶聖」吳覺農，均獲得贊

同及大力支持乃至承諾資助；4月中旬，趁在京召開「吳老九十大壽慶賀暨全國茶學會常委理事會」機會，又一次赴京，吳老當場在《關於建設中國茶葉博物館徵求意見書》上簽名，並號召所有與會者簽名，一時群情激動，簽名踴躍，在隨後召開的座談會上，大家獻計獻策，都將之視為茶界的大好事。「中國」二字，就這樣獲得確認。

長話短說，以後仍然忙得不可開交，熬夜已是常事，直到當年7月底，《可行性研究報告》和《計畫任務書》通過，省計經委批准該項目確立，並正式定名為「中國茶葉博物館」，8月4日，建築方案也最後確定，我才鬆了一口氣，當夜就發燒病倒了，我實在是太累了。而緊接著，陳列展品的搜集、落實及布展設計等工作又緊張開始，終於1990年10月金秋時節，集展廳、復原觀賞、風味茶樓、學術交流、辦公等於一體的山莊花園式建築的「中國茶葉博物館」建成開放了。紅瓦石牆的房屋錯落有致地建於西子湖邊的茶山坡上，周圍是青翠馥鬱的層層茶園，館內景致幽雅清新，那落落大方的氣度，別具一格的寧靜秀麗，吸引了五湖四海的賓客。而茶文化熱，也隨著中國茶葉博物館的建成開放進入高潮：在「茶博」開館前一天，1990年10月24日，湖州市「陸羽茶文化研究會」宣告成立；25日，「首屆國際茶文化研討會」也在杭舉行，會上還宣佈了將在第二年春舉辦大規模的「91杭州國際茶文化節」。10月28日，恰是吳覺農先生逝世一周年紀念日，全國茶界近200人，參加了

「當代茶聖吳覺農先生之墓」在上虞落成的典禮，並召開了「吳覺農茶學思想研討會」，而大量的茶文化刊物、書籍也隨即紛紛問世……諸如此類，舉不勝舉，茶文化的熱浪已由浙江卷向全國，乃至世界。

**范** **現在回憶起籌建中國茶葉博物館，讓您最感欣慰的是什麼？有什麼感想？**

**陳** 最感欣慰的是兩樁事，一是通過籌建茶博館，在機緣、眾多茶人的幫助、以及我自己投入了全副心力的情況下，深刻地認識了茶，自己的生命也從此與茶緊密地連在一起，除了寫出十多份總體設想與陳列內容的方案（每份都獲得領導與專家的好評而通過會審）外，還先後寫出了有學術原創的數十篇茶文化論文，及《浙江茶文化史話》、《中華茶文化尋蹤》（與人合作）等學術專著；二是茶博館的建築，幾乎每個初到中國茶葉博物館的人，都會對它清新別致的外觀讚歎不絕，那帶山莊風情的紅瓦石牆建築錯落有致地鑲嵌於茶叢環繞的山坡之中，顯得既雅致大方，又讓人有種步入山區茶鄉的親切、野趣，常有第一次去那裡的杭州人說：想不到在杭州的角落裡會有這樣一個優雅美麗，讓人眼睛一亮地方！而1999年來杭開會的韓國建築師金在局，對之有較精到的評價：「這是一座具有江南民居風格的建築，近看是公建，遠眺似農合、與周圍環境融為一體，有很獨到的設計。」每當聽到這樣的讚歎，我也會非常欣慰，因為這其中有我傾注了心力的創意與努力。

當時建築設計是按照我撰寫的《總體設想》設計的，這份設想方案的特點是內容豐富，注重趣味，而其中別出心裁地提出建「風味飲茶樓」、「仿古復原遊覽區」和「各省自辦分館區」等設想，更為各方專家所讚賞和肯定。可參與競標的十多個建築方案，大多囿於灰瓦白牆的仿古風格而缺乏新意，所以經多次會審後還無法確定。我也不滿意這樣的建築，不過，作為省市重點工程的茶博館專案，自有各級許多領導，我只是負責具體工作的專業人員而已，但心裡又很著急，因此事已影響到工作進展。於是，我就提筆給上海同濟大學著名建築專家陳從周教授寫了一封信，提出茶博館應該跳出古建築風格，另闢蹊徑，希望他能贊同並給予指導。事後，我的老師朱季海先生知道了，笑我說：你怎麼能希望他來贊同？他是個喜歡古式建築的人！果然，陳從周沒有回信。

此時，陳葉根在負責前期工作，我們一起考察了許多建築，我向他多次敘述我心目中茶博館的大致風貌，他迷惑不解地問我，你為什麼一定要反對現有方案而尋求新方案？他認為建築的好壞與我應是無關的。我回答道：「我以後還要在茶博館工作，如果每天見到令人遺憾的建築，我會很自責很後悔的，畢竟我也是有責任的。」此後陳葉根與我一樣熱心起來，可是我們都無法清楚自己心中的茶博館究竟應該是怎樣的。一天我與他到市園林設計院的模型室去尋覓，仍然一無所獲，然而就在出門時，忽見門外有一廢棄的建築模型，它那與紫砂壺接近的黃紅色屋頂立即吸引了我們，幾乎是同時，我們一起叫了起來：「就是它了！」後來，園林設計院高工陳樟德據此設計了紅瓦大坡項茶博館建築方案，獲得了專家們的一致好評，而我則曾用自行車多次馱著這大大的建築模型去參加會審，被人善意地取笑為「愁（籌）館長自行車上的茶博館。」由於每次出發前還都要用軟布將模型屋頂擦乾淨，以致後來看到茶博館的屋頂，還常常會產生手剛擦摸過的錯覺。

在茶博館的幾年籌建中，我經歷了酸甜苦辣的許多遭際，我的感想是，當一個人認真踏實地去做一件對人類有益的事時，生命就在這過程中成長成熟起來，一個高大而富有內涵的生命，必曾做過無數有益而沒名利的事，但有什麼回報能大過生命的提升呢？

范 **您原來是學文物考古的，轉換跑道搞茶文化到現在也將近 20 年了，您對中華茶文化的歷史有什麼看法？**

陳 我因為有文物考古的底子，所以在茶文化研究上更注重考古學及文化人類學的引進，從而以全新的視角發現了全新的茶文化歷史。比如，我運用考古學、民族學為主的多學科綜合考證法，認識到：茶文化是誕生在人類還生活於森林中時代的，所謂「茶」，最初其實是指「對森林的利用」，因此，不僅許多食物與草藥稱作茶，就連房屋也稱茶，發展到後來，才集中稱呼某些益身康體食物為「茶」，其名稱概念的發展歷程大致是：森林中一切被人利用之物——可生食

動植物（基諾族涼拌生食茶、湖南三生茶即其遺韻）——以動植物原料煮燒的多湯食物（苗族打油茶、隴南罐罐茶、江南蓮棗茶是其遺韻）——以植物等原料煎煮的飲料（如川貝萊菔茶、桑菊茶等）——以茶葉煮泡的飲料。簡而言之，茶經歷了「森林——食物——飲料」這樣三個發展階段。其中，「食物」與「前飲料」階段，為「非茶葉之茶」；到「後飲料」階段，才出現「茶葉之茶」。

從杭州跨湖橋遺址出土的茶與茶釜來推算，「非茶葉之茶飲料」大致出現在已發明煮燒器的數萬年前，成熟於已有陶器的一萬年前後；從分佈於杭嘉湖地區距今約6000年的崧澤文化中出土了最早的擂茶缽來看，華夏飲茶是誕生及成熟於杭州灣一帶的；而從雲南發現的2700年樹齡野生大茶樹來推算，則「茶葉之茶」大約出現在距今5000年前後，可見茶葉之茶的歷史在整個茶文化發展過程中是很短的。現在，大多數人只把眼睛盯在茶葉之茶上，是缺乏文史深度而有失淺近與狹隘的。

**范** **您是最早接觸到茶藝實務者之一，請您談談當時的心情，經過十多年後的今天，您對茶藝的看法如何？**

**陳** 我最早知道茶藝是在1986年搜尋資料時，在中茶所看到台灣的一些茶藝書刊，感到很新奇，也很想了解，而親眼看到，先是台灣蔡榮章領隊的茶藝表演團，許多人一起點香、泡茶，當時覺得太程式化與舞蹈化了，也太嘈雜了，文化含量不是太高，但可視為一種適合大眾情趣普及茶文化的手段。1988年看到范增平先生的單人中華茶藝表演，他仙風道骨文化氣十足的樣子，佈道一般深入淺出地闡述茶藝理念，將茶與中國文化、哲學、入道、人生融會一起，讓人感受到濃厚的茶文化韻味，才真切地體會到：茶，原來可以這樣文化地品飲！也多少看到了陸羽當年茶道表演的影子，於是，十分有幸地向范先生學習了茶藝，范先生給了我很多資料，也給予很多指導，使我得益不淺。當時還與他談妥，由他贊助投資，在茶博館建一個「台灣茶與茶藝館」展覽項目，可惜1989年7月，因人事變動我遭到排擠，此項目便與已談妥的由日本裡千家贊助興建的「日本茶道館」、委託浙江美院設計建造的「紅樓茶藝館」及陳列布展等許多項目一起中止了。那時我非常傷心痛苦——既不具備文史功底也不懂茶的「空降官」們在亂搞一氣，我憤慨而迷茫地想放棄茶，范先生知道後告訴我：要有茶人的精神，要記住，茶道是心常平！起初聽了不以為然，認為這些無非是高調而已，自己的傷痛是別人沒法體會的。隨後收到范先生寄來《二年有感》一文，其中有「從自己手中締造的茶藝協會，在方才發芽的時候，就被迫離開她！怎麼能叫我不思念？如何能叫我放得了心？這是何等淒苦、傷痛的日子！一個母親被強迫不得不離開自己初生的嬰孩，她心裡的無奈和悲淒，可能就如同我被迫離開茶藝協會的感受一樣吧……心地清淨方為道，退步原來是向前。這也該是茶藝文化薰陶下所具備的涵養吧？因此，我要表白的是：為尋找中華茶藝的根，看看中

華茶藝的源頭，告訴後代子孫，什麼才是真正中華茶藝的精神，雖然，滔滔者天下皆是，我仍然要繼續往前走下去。1984年11月12日」一段文句，讓我十分震驚，前段彷彿就是我的心聲，後段則是我自愧弗如的！於是，更明白了什麼是茶人風範與茶藝精神，給我走出困境增添了許多精神力量。

言歸正傳，到1990年前後，大陸的各種茶藝表演也開始興盛起來，茶文化也在各地普及，如今，十多年前還讓人十分陌生的「茶藝」，更是已經家喻戶曉，成功地在大陸旋起了飲茶熱風，每當到一偏僻小鎮都會見到茶藝館時，真令人驚訝、驚喜和親切，可以說，「茶藝」十分有效地推動了茶文化在大陸的大眾化普及，其影響是深遠的。

**范** **「茶藝學」已經建立了五、六年了，請談談您對茶藝學的看法和建議？**

**陳** 我認為，為「茶藝」建立一門學科，是很有見地的，可以使茶藝有更系統、更廣博、更高層次的建構與發展。不過，我對「茶藝學」了解不多，只能有感而發地提個建議：鑒於大陸民眾因「文革」割斷了傳統文化，絕大多數人都嚴重缺乏人際交往禮儀規範的知識與習慣，而茶藝學正好以大眾文化與禮儀文化為主要內容，並且茶禮正是茶藝的重要內核部分，而同時，茶禮也是中華民族最古老的傳統禮儀，所以，茶藝學可以對茶禮部分多作現實意義的探究與建構，創建一些既有傳統文化韻味又有現代感的簡單易行的茶禮，同時傳播一些禮儀文化的普及知識，讓這些飄蕩著茶香的禮儀規範，很好地從行為舉止到心靈深處改變國人，使更多的人成為彬彬有禮，舉止優雅的華夏古國大邦文化之民。

**范** **您認爲怎麼樣的人才能稱爲「茶人」？「茶人」的定義如何？**

**陳** 我認為「茶人」是一種以虔敬的茶人精神在從事茶事業乃至推動文化進步、社會淳良的人，其基本的品質特徵是具備「茶德」。茶文化是中華民族最古老的文化，在它自身的發展過程中，已與許多傳統的文化藝術緊密結合，凝聚著中華文化的傳統美德，故自古以來就有「茶德」之說。其內核為恪守平等、友愛、真誠、靜思、潔心、奉獻等信念，德似茶般芳馨。許多默默無聞的施茶者即其體現者，如杭州有一老夫妻施茶已達三十年，他們秉承的正是「茶德」與「茶人精神」；抗戰時，「當代茶聖」吳覺農等創辦《茶人》刊物，曾激勵無數中華茶人浴血奮戰。今天，中華茶藝與茶文化在世界許多地方開花結果，正是由於無數茶人的努力耕耘與真誠奉獻，從而為人間增添了許多脈脈溫情與茶香清雅。

# 丁以壽

## 安徽農業大學研究所副所長
## ——談茶文化和道儒釋的關係

（後左三）

丁以壽先生，漢族，安徽省無為人。認識丁先生已有三、四年的時間了，2000 年安徽農業大學茶業系原系主任王鎮恒教授告訴我，農大想聘我為客座教授，徵詢我的意見，我欣然答應，並引以為榮。2001 年我再次赴安農做了一場《中華茶文化源遠流長》的專題演講，並接受客座教授的聘書。在安農的三天裡，大部分的活動都是由丁以壽先生陪同，所以交談比較多，丁先生對於茶文化與道、儒、釋的關係的研究下了很大功夫，也有較深的見解。

安農大成立「茶文化研究所」是創舉，也是開創茶學研究更寬廣的道路與方向，是件好事。我們邀訪丁先生可以讓大家對茶文化有更多的認識。2004 年 12 月 19 日。

*　　*　　*　　*　　*

**范** **安徽農業大學是國內第一所成立「中華茶文化研究所」的高校，請丁教授介紹一下該所的成立經過和現狀。**

**丁** 安徽農業大學有著中國高校歷史最久的茶學專業，它是由「當代茶聖」吳覺農先生倡導而於 1939 年在復旦大學創辦的。1952 年，全國高校院系調整，茶學專業從復旦大學調到茶業大省——安徽來辦學，至今已有六十多年的辦學歷史，可授予茶學學士、碩士、博士學位。

安徽農業大學的茶文化研究有著良好的基礎，早在 1984 年，陳椽先生便出版了世界上第一部茶史專著《茶業通史》，成為茶史學的開山之作。1993 年，又出版專著《論茶與文化》；王澤農先生晚年致力於茶文化研究，發表了

《茶文化源流初探》、《中華茶文化——先秦儒學思想的淵源》等高水準的論文；其後，王鎮恒先生主編《中國名茶志》，王鎮恒、詹羅九主編《中國茶文化大辭典》。

正是因為安徽農業大學茶業系有著茶史、茶文化研究的傳統，又恰逢中華茶文化在當代復興，經學校批准，於2000年3月，成立了安徽農業大學中華茶文化研究所。我們還聘請了范增平、蔡榮章、陳文懷、劉勤晉、阮逸明、王亞雷等校外茶文化專家為客座教授，以加強研究所的力量。

中華茶文化研究所成立以來，積極參與國內、國際茶文化活動，先後與台灣中華茶文化學會、台灣陸羽茶藝中心、台灣中華國際無我茶會推廣協會、台灣泡茶師聯會、日本中國茶協會、日本中國茶文化國際檢定協會等團體建立了友好合作關係，接待了日本、美國、瑞士、菲律賓、德國、中國台灣地區等海內外來賓的參觀訪問。

中華茶文化研究所面向全校開設《茶道》和《茶文化概論》公選課程，學生選課踴躍，深受歡迎。成立了大學生茶藝表演團，積極推廣中華茶藝。建立了研究所網站（www.cteaci.com），宣傳、弘揚茶文化。培養茶史與茶文化碩士研究生，舉辦茶藝高職專業，負責茶文化研究課題，目前正在籌建茶業職業技能鑑定站。

安徽農業大學中華茶文化研究所願意與海內外一切茶文化團體合作，共同弘揚中華茶文化，迎接中華茶文化第四次高潮的到來！

*丁以壽*
安徽農業大學研究所副所長

**范** **您對茶文化的主要研究方向偏重於與宗教的關係，請您談談茶與儒、道、佛的關係。**

**丁** 我研究的範圍和內容不外乎儒、道、佛、茶四個字，有位書畫家朋友送我一副對聯，聯文是：「融通三教儒釋道，彙聚一壺色味香」，很好地點明了我的主要研究方向。道教與茶的關係最為久遠而深刻，道教以茶為養生延年、全真得道的仙藥，啟發了茶道的形成。茶的天然屬性、清淡靜真的本性，與道家的道法自然、淡泊無為的思想相契合。和敬中庸、敦禮雅志的儒家思想對茶文化的影響也是源遠流長。佛教對茶的影響雖不及儒、道，但它在推動飲茶的傳播和普及上，特別是「禪茶一味」的觀念對茶文化的影響也不容忽視。茶與儒道釋的關係是一個大課題，不是三言兩語所能講清楚。下面就試著簡要談談儒、道、釋在東亞三國茶文化中的影響和地位。

在中國茶文化中，就儒道釋在其中發揮的影響而言，道家及道教第一，儒家第二，佛教第三。中國文化是「儒道互補」，儒家在社會人倫中發揮著重要作用，但在藝術領域，老莊道家的影響更大。道家崇尚無為、自然，追求精神的自由和人性的純樸、率真。表現在茶文化中，不像日本、韓國那樣注重茶道的禮儀和形式。中國茶道崇尚自然、簡樸、淡泊、清靜，不拘禮法形式，率性任真。中國的茶道精神源於陸羽《茶經》「儉」的思想和釋皎然的「全真」思想，中經裴汶、趙佶、朱權等人的發展而成，可概括為清、淡、和、靜、儉、真，老莊道家的思想成分重一些。

在韓國茶文化中，儒道釋在其中的影響以儒家為第一，佛教第二，道家第三。固然在茶文化的傳播中，新羅、高麗的佛教徒發揮重要作用，但在韓國社會政治和日常生活中，儒家，特別是以程朱為代表的宋明理學起著重要的作用，朱子家禮被普遍接受，故而韓國的茶道又稱茶禮。在韓國茶禮中，儒家禮儀起主導作用，佛道次之。韓國的茶道精神有敬、禮、和、靜、清、玄、禪、中正，而敬、禮、和、清、中正主要體現了儒家思想。

在日本茶文化中，儒道釋對其影響以佛教特別是禪宗為第一，道家第二，儒家第三。日本茶文化的傳播者，主要是佛教徒，如最澄、空海、永忠、榮西、明惠上人、南浦紹明，希玄道元、清拙正澄、村田珠光等。日本茶道的精神源於「禪茶一味」，以「一期一會」和「和、敬、清、寂」為根本。「一期一會」是佛教「無常」思想的體現，而「清、寂」有著濃厚的佛教意味。日本茶道是藉茶道悟禪道，其茶道思想內核可歸結為禪。

中韓日茶文化以受主要影響來說，則可概括地說，中國茶文化主於道，韓國茶文化主於儒，日本茶文化主於佛。主於道，道法自然，故中國茶道注重茶的品飲藝術，即重茶藝；主於儒，儒尚禮法，故韓國茶道注重儀典；主於佛，佛尚空寂，故日本茶道歸宗於禪。

*丁以壽*
安徽農業大學研究所副所長

**范** **您對「茶藝」成爲一項學術研究的看法如何？您對目前的茶藝文化有什麼看法？**

**丁** 中華茶藝古已有之，但在上個世紀七十年代台灣茶界提出「茶藝」之前，可以說是有其實而無其名。近年來茶藝的發展迅速，茶藝師作為一門新興服務業已被列入國家職業大典，茶藝師職業資格鑒定也在全國各地開展。茶藝館如雨後春筍般的湧現，全國各地計有五萬多家。全國性和地方性的茶藝大賽不時舉行，茶藝教育方興未艾。我們研究所不僅將茶藝茶道作為我們所的三個主要研究方向之一，還創辦了茶藝高職專業，培養大專層次的茶藝人才。茶藝是茶文化的中心和基礎，因此，把茶藝作為一項學術研究的可能性與必要性是不言而喻的，建立茶藝學也是不久的將來的事。

中華茶藝在經歷近兩百年的的衰落後，目前的茶藝只是初步的復興，難免泥沙俱下、魚龍混雜。茶藝是飲茶的藝術，是審美藝術，是綜合性的文化藝術，茶藝文化的完善不是一蹴而就的。目前的茶藝文化的發展雖然不盡如人意，存在著這樣那樣的一些問題，但這是在發展的過程中難以避免的。

**范** **請您給「茶人」下一個定義，您認爲做爲一個茶人應該具備什麼條件？**

**丁** 茶人是指精於茶藝，且從事茶葉生產、流通、科研、教育、歷史、文化、藝術等方面的人士。

作為茶人應具備的基本條件有三，一是品德高尚，二是精於茶藝，三是熱愛茶文化。

中國哲學是講如何做人的學問，立德、立功、立言是中國人追求的三不朽，茶人理所當然以立德為先。德是茶人所應具備的基本素質，但不是區別茶人與非茶人的根本特徵。德是一切人都必須具備的素質，非茶人所特具。成為一個真正的人，是茶人和非茶人的共同要求。立德做人是中國哲學、倫理的普遍要求，對於茶人如此，對於非茶人也同樣如此，並非茶人就應比其他人的道德要求更高。評判一個人是不是音樂家，是根據他的音樂才能，而不是道德。因此，不能根據道德來評判誰是茶人誰是非茶人。判斷一個人是不是茶人，關鍵的標準是兩條：一是看他是否愛喝茶，會喝茶，精於茶藝。二是看他是否懂得茶文化，熱愛茶文化。從某種意義上來說，這兩條才是做為一個茶人應該必備的條件。

范 **請丁教授談談，在茶文化領域中，我們應該如何看待「茶葉」？它扮演的角色如何？**

丁 茶文化有廣義和狹義的不同界定，廣義的茶文化相當於我們的茶學，茶學即茶的科學，包括茶的自然科學、社會科學、人文科學；狹義的茶文化則相當於茶的人文科學，它與茶科技、茶經貿鼎足而三，是茶學的一部分。因此，「茶葉」在廣義的茶文化和狹義的茶文化領域所扮演的角色不盡一致，所處的地位也有差異。但無論怎樣，「茶葉」都是茶文化的基石，茶文化的大廈、殿堂是建立在「茶葉」的基石之上的。茶文化是「茶葉」在被飲用、應用過程中所形

成的文化現象，離開「茶葉」來談茶文化是不現實的。

**范** **請談談您和茶結緣的因緣，為什麼會走上研究茶文化的領域？**

**丁** 現在已記不起第一次喝茶是在什麼時候了，但我卻清楚地記得第一次見到茶樹的時間。那是1977年的春天，在我讀高中一年級的時候。我的家在水鄉圩區，雖見過茶葉卻沒見過茶樹。讀高中時的學校則在離家十五華里的一座丘崗上，那一地區是我們縣的主要產茶區。我們教室的旁邊便有一片屬於學校的茶園，校園的路邊也栽種著茶樹。採茶季節，老師組織我們在叢生的茶園裡採茶。或早或晚，我們在茶園邊讀書、散步。我在那所中學度過了兩個春天，最早的茶緣應是在那時結下的。

後來在填報大學專業志願時，我第一志願第一專業便填報了安徽農業大學的茶葉專業。其實，當時我填報茶葉專業，倒不是為了學茶，而是為了學文學。那時我對茶葉專業毫無所知，以為茶葉專業課程簡單，這樣便可有更多的業餘時間用於自己的文學愛好，一邊品茗，一邊讀書、撰文。進校之後，才知茶葉專業的悠久歷史、雄厚力量和在國內外的影響。雖然我對茶葉專業無甚興趣，但畢竟經過了四年的耳濡目染，基本的茶學知識還是掌握的。進安徽農業大學的茶葉專業學習，是我與茶的第二次結緣。

大學畢業，留校在茶業系工作，是我與茶的第三次結緣。雖然我從事的是學生教育與管理工作，但生活在茶業系這個環境裡，管理茶葉專業的學生，況且也指導學生教學實習、生產實習等等。可以說，從中學、大學直到工作，我與茶結下了不解之緣。

我走上研究茶文化的道路，有點偶然。但是後來想想，也是偶然中的必然，順應了時代的潮流。如果不是留校工作，我恐怕今天也就不會從事茶文化的研究了。大學階段和畢業初的一些年裡，我的業餘時間主要是在學習中外文史哲和藝術方面的知識。上世紀八十年代末，我把主要精力轉到對中國傳統文化的學習和研究上，志在弘揚中國傳統文化，也發表了相關的研究論文。茶藝及茶文化是上世紀九十年代起在大陸興起的，台灣和日本、韓國在其中起了推波助瀾的作用。我自然及時注意到這一新事物，並且在 1990 年，我就著手撰寫茶與佛教的論文。我有位作家朋友，當時在編一本《旅遊生活》雜誌，他便從我的論文中，選擇關於日本茶道的內容，刊登在 1991 年第 4 期《旅遊生活》上。但那時我的興趣主要在儒道釋方面，直到 1995 年，我才又在《農業考古》雜誌上發表《飲茶與禪宗》。此後我每年都給《農業考古》寫論文，是《農業考古》引導我走上茶文化研究的道路。1998 年，我在《農業考古》上發表了《中國茶道義解》，從那以後，我決定，茶文化是我一生的研究方向之一。因為我在大學裡畢竟是學茶學本科專業的，又對文史哲，特別是中國傳統文化下過一番功夫，將兩者結合起來，應是我的優勢。2000 年，安徽農業大學成立中華茶文化研

究所，我成為負責人，這就進一步促使我把茶文化作為我的主要研究方向了。2004年8月，我辭去了行政領導職務，當一名專職教學科研人員，我的後半生將與茶文化融為一體。

**范　請您談談您的成長過程和工作經歷，您原籍哪裡？是什麼民族？**

丁　我原籍安徽無為縣，漢族。無為的由來，據說始於曹操。曹操曾領兵駐紮合淝縣（今合肥市），與孫權爭戰，合肥今有教弩台、屋上井、逍遙津等遺跡。曹操一日到長江北岸視察，他見到河溝縱橫的圩田，覺得不適於北方的騎兵作戰，遂發出「此無為之地也！」的感歎。宋代建立無為軍，著名書畫家米芾曾知無為軍，留下了投硯止蛙的墨池，今在無為縣城建有米公祠。我後來自號「無為人」、「無為散人」，固然是因為我崇尚道家的無為思想，同時也因為我本來就是無為縣人。

在我的成長過程中，有過四次重要轉折，分別在1979、1982、1986、2004年。1979年7月我高中畢業，參加了大學入學考試，考分也達到大學錄取分數線，但由於填報專業志願沒經驗，終於與大學失之交臂。考慮到家庭的經濟狀況，也是想減輕父母的負擔，其後我參加了鄉政府招錄初中教師的考試，被錄取在我曾經就讀過的鄉初中任教。後來我總結自己，這是一生中最大的失誤，走了不該走的彎路。在1979年以前，我的興趣更傾向於自然科學方面，尤其對天文、氣象、物理、數學有著濃厚興趣。當然，我對歷史和文學也有一定的興趣，以至於在高中二年級文、理分科時，對選擇文科還是理科難以取捨。1979年10月，我擔任了中學教師，沒有了高考的壓力，又值「傷痕文學」的興起，於是對文學的熱情之火被重新點燃，自此以後我對人文社會科學的興趣逐漸超過自然科學。

我後來終於辭去教職，於1982年9月考入安徽農學院茶業系茶葉專業。現在回想，這是一個非常正確的選擇。沒有進茶業系讀書，也就沒有我今天的茶文化研究。從1979年秋之後，我已將興趣轉向人文科學方面。在大學讀書期間，我是文學社的骨幹，傾心於西方現代派文學藝術，廣泛涉獵西方現代派文學作品、文學理論以及理論基礎——哲學、美學、心理學等，發表了模仿西方現代派文學形式的小說。

1986年7月，大學畢業，我留校在茶業系從事大學生思想政治教育工作。工作之餘，致力於對西方文化的學習。但從1989年起，我的興趣從西方文化轉向東方文化，志在弘揚中華傳統文化，對中國的語言、文學、美學、哲學、宗教、歷史等孜孜以求。適逢茶文化興起，自然也予以關注。從1990年開始，我便進入茶文化研究領域，以後一發不可收拾，至今發表了二十多篇茶文化學術論文，諸如《中國飲茶法源流考》、《中國茶道發展史綱要》、《工夫茶考》、《中華茶藝概念詮釋》、《中國飲茶法流變考》、《日本茶道

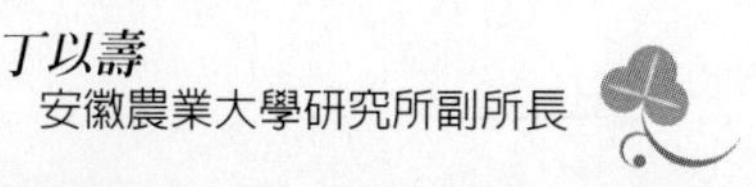

草創與中日禪宗流派關係》、《中韓茶文化交流與比較》等。在中國高等院校首開《茶道》課程，擔任全國茶藝大賽和民族茶藝大賽評委，主持安徽省教育廳「中華茶藝的理論與實踐」等研究專案，擔任茶史與茶文化碩士研究生導師。

2004 年 8 月，我毅然辭去學校處級幹部職務，專職從事茶文化教學與研究。本年，受聘為中國國際茶文化研究會理事和學術委員會委員。組織申辦了茶藝高職專業，這是中國高校第一個高等茶藝專業。看來，茶文化將與我今後的人生密不可分。

范 **您平時如何享受茶藝生活？您對人生的看法如何？**

丁 茶藝是生活藝術，在我的日常生活裡，泡上一杯茶，享受茶的清淡靜雅，已成為生活的一部分。

人生是選擇，是各種偶然的集合，無論順逆窮達，當以平常心待之。人生的目的在於進德修業，極高明而道中庸，或窮理盡性，或全真葆性，或明心見性。

# 朱自勵

## 嶺南派茶藝講師
## ——談職業中專的茶藝教學

朱自勵女士是廣東省人，是廣東地區在學校裡講授茶藝學科較早的一位。朱老師服務於廣東省供銷學校，由於學校的領導重視教育與社會發展密切結合的理念，因此，該校是較早將茶藝融入教學中的學校。

茶藝教育是學校德育、智育、體育和美育四育中的重要教學課目，因為茶藝教育是美育的教育，是生活的教育，是素質的教育。廣東省供銷學校的領導能夠體認到茶藝教育的重要而開辦此項課程，是很令人欣慰的。

初識朱自勵老師，是早在四年前，在杭州的中國茶葉博物館，與她有過一面之緣，真正較深入的了解，則是在2004年3月28日，黃建璋先生陪同我在廣州二沙島和清居與她見面，3月29日我並應邀前往位於廣東省佛山市南海區的廣東省供銷學校，當天晚上，與袁革校長一起在飯店深入交談。

2004年7月11日我再度前往廣州，和袁革校長、彭仲文主任等在幾天的時間裡一起訪問了廣東東莞、深圳等地區的茶業、茶藝狀況，對珠江三角洲的茶文化發展有了實際的了解，讓我更加關注嶺南茶文化的發展。

我於2004年7月28日採訪了朱自勵講師。

*　*　*　*　*

范 **請您談談您的成長過程和工作經歷、家庭狀況？**

朱 我1975年月12月18出生於廣東省化州市，父親原為中學的語文教師，後調到化州市政府直屬黨委任辦公室擔任主任。我的小學、中學都在化州市完成。1991年9月考上廣東省華南師範大學，就讀漢語言文學專業，1995年7月畢業，獲文學學士學位，自後一直在廣東省供銷學校任教。1999年9月考取廣東省社會科學院研究生院，就讀經濟管理專業，2002年7月獲經濟管理研究生畢業證書。2001年2~7月在浙江大學茶學系進修，選修了「茶葉加工」、「茶道藝術」、「中華茶文化」、「茶葉審評」等課程，並到浙江樹人大學旁聽「日本茶道・丹下明月流派」這一課程。自2000年開始，我利用假日及一些出差機會，訪行了全國大多數的名茶產區，如浙江的安吉白茶、顧渚紫筍、天目山、杭州、惠明等茶區，福建武夷山、安溪、福鼎茶區，四川雅安、峨眉山茶區，貴州都匀茶區，雲南景洪、思茅、臨倉、鳳慶、昆明等茶區，江西婺源、修水、井崗山、廬山等茶區，安徽黃山茶區等等，每次收穫甚大。我還多次帶領學生前往廣東的英德紅茶產區和潮州鳳凰山烏龍茶產區進行茶葉栽培及加工的實習。

范 **廣東省供銷學校是何時開辦茶藝課程的？**

朱 我校於1994年已開設了「茶酒文化」課程，此課程開始一直由袁革校長講授。我於1997年上半年開始講授其中的「茶文化」部分，到1998年後，在酒店管理專業課



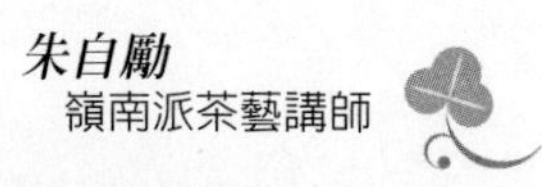

程設置中，茶從酒文化中脫離出來，成為一門獨立的課程，更名為「茶道藝術」，1999年，除酒店管理專業外，在中文秘書和會計專業，亦開設了此課程，週課時為2節。2000年9月學校的旅遊服務與管理專業開始進行大專業專精化，學生自第二年開始分為導遊、星級飯店管理和茶藝三個方向教學，直至畢業就業。2001年12月學校學生茶藝表演隊成立，此隊後來一直成為學校接待外來賓客及代表學校外出表演的得力軍。

**范** **請您介紹一下您教授的茶藝課程的教學內容和目標。**

**朱** 我校的茶文化藝術專業有「茶葉歷史」、「茶與中國文化」、「茶葉加工」、「茶藝演示」、「茶葉審評」、「茶藝館經營與管理」、「客房服務管理」、「餐飲服務管理」、「前廳服務管理」等專業課程。其中茶藝課的主要內容分成「茶史」、「茶葉」、「茶具」、「茶水」、「茶藝」、「茶評」、「茶禮」七個部分來教學，專業班的週課時為4節，選修班的週課時為2節。目標除培養星級飯店的茶藝人員、高中檔茶藝館從業人員、中小規模的茶莊（行）經營者、茶葉銷售人員外，還希望通過茶文化的學習達到陶冶學生情操，培養學生良好德行的目的。

**范** **就您的經驗，茶藝能吸引學生的地方是什麼？**

朱 就我的經驗，茶藝課程能吸引學生的原因主要有三個：第一，茶文化是中國文化的精華，屬雅文化，習之能讓人生活有雅趣、有品味；第二，能學到一技之長，可方便就業；第三，能喝茶談茶、能外出參觀，且作業不多，既輕鬆又容易完成學分。正由於有上面原因，茶藝教學中，經常會遇到同一個教學班，有的同學認真積極，有的同學敷衍了事，有的同學資質聰穎，很快接受，有的同學天生愚鈍，不明就裡，這就造成了操作課的教學進度不一，經常無法完成教學任務。我認為茶藝教學中，最大的困難就是培養學生的茶性，繼之能培養學生的禮節及樹立茶德。

范 **您認爲做爲一位茶人應該具備什麼條件？請您給「茶人」下一個定義。**

朱 我認為茶人應該具備三個條件：第一以與茶相關行業為職業；第二要有較為專業的茶知識；第三要有好的品德。所謂的茶人，是指具有良好的茶專業知識，能通過個人茶德來體現中國茶道精神的茶業人員。

范 **您認爲目前茶藝教育存在的主要問題有哪些？**

朱 我認為目前茶藝教育存在的主要問題有：

(1)專業定位不正確，培養目標不清晰

中等職業學校目前在該專業的定位上存在以下問題：一是定位不正確，把本專業的培養目標定位在成為茶藝企業的中高級管理人才，以中等職業學校學生的文化基礎、外語基礎，要在三年內培養出中高級管理人才是不可能的。同時市場的目標性不夠強，茶葉銷售人員的缺口始終得不到補充。二是目標不明確，有的學校該專業名稱叫「茶文化服務」，有的叫「飯店管理」，有的叫「旅遊與飯店管理」，有的叫「餐飲旅遊管理」等等，不同的名稱較難確定專業的方向和課程設計的重點，我認為，三年的學習時間既學導遊，又學飯店餐飲服務、客房服務、前廳服務、茶藝、茶藝館經營與管理、茶葉營銷、禮儀、烹飪等，這種做法是可以讓學生多學一點、多掌握一種技能，以便就業時有更多的選擇餘地，然而，事實上這樣培養出來的學生多為「博而不精」，不能達到「專」的要求，這違背了中等職業學校學生的心理生理發展規律。

⑵課程設計不規範，教學內容較陳舊

由於舉辦該專業的學校數量眾多，各學校在課程設計上隨意性較大，主修課程不突出，教學內容上沒有按該專業的要求安排，只追求名稱吸引學生而忽略了該專業本身的特點，因而影響了教學計劃的整體性和主修課程的完整。

⑶教材建設滯後，沒有較統一的教學要求

我國各省目前中等職業學校的茶文化藝術專業教材編寫各自為政，各學校根據自己對該專業的看法編寫校內使用教材或採用科任教師推薦的教材，各學校對同一門專業課的教學要求會因教師的不同而有所不同，教學質量難以保證。

⑷不重視實踐教學環節，實踐教學基地建設不理想

這方面的問題主要有：一是對實踐教學的環節重視不夠，認為可有可無，與文化基礎課相比，實踐教學目的不明，措施不落實，缺少時間保證。二是實驗設施不齊全，實習基地不鞏固，有些學校沒有必要的實訓室，學生技能訓練受到影響。三是實習目的和方法有待改進，有的學校把學生做為勞動力提供給企業使用，有些學校採用放任自流的形式讓學生自行實習，缺乏必要的實習指導。

⑸師資隊伍建立迫在眉睫

分析現今中等職業學校的茶文化藝術專業師資來源，其主要途徑有：一是非茶學專業畢業的教師，主要承擔公共課和基礎課，也有些轉教專業課程；二是農學院畢業的教師，主要承擔部分專業課和基礎課；三是本校畢業後留校擔任教師。由於較少高等院校茶學系專業的畢業生投身中等職業學校教育，並且農學院教師在教學的過程中只偏重茶葉的特性，無法特別突出茶的藝術特點，非專業的教師往往又缺乏專業知識，只能大致講茶文化，從而讓茶藝成為了空架子，所以中等職業學校茶文化藝術專業教師普遍存在實踐經驗少、理論與實踐結合不緊密、無法適應茶業發展等特點。師資隊伍在人才培養過程中起著決定作用，名師出高徒，建立一支高素質的專業教師隊伍迫在眉睫。

范 **您認為茶藝教育還需要加強的地方是什麼？**

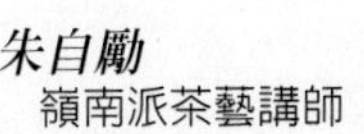

***朱自勵***
嶺南派茶藝講師

朱 我認為目前中國的茶藝文化總體來說是挺好的，政府支持、文化人提倡、民間流行，但亦有不容忽視的問題：如文化人相輕，茶書重複，茶藝表演單一、無序、做作，茶文化組織職能不清，相互扯後腿，茶藝師培訓混亂，沒有行規，以致行業混亂等。

范 **您平時是如何享受茶藝生活的？**

朱 我一日不可無茶。清晨起床要喝岩茶，午後喜喝一杯綠茶，晚上只喝熟普。聽音樂時愛喝清香烏龍茶，看書喜飲綠茶，待客即多為普洱。最喜與學生一起品茶、說茶、論道，說者興起，聽者意蕩，茶席之間，既傳道解惑，又互長智慧，教學相長，不由師生同樂，端杯而笑，人生樂事，莫大於此！

范 **您對人生的看法如何？**

朱 我希望能認真、踏實的過好每一天，享受每一天，能以茶悅心、以茶養生、以茶教人、以茶傳人。

# 陳悅成

## 以民俗為主軸的茶人
## ——談茶藝館經營的祕訣

陳悦成先生，廣東省惠州人，目前是深圳市紫苑藝術策劃有限公司暨紫苑茶館的負責人。

陳悦成先生是我的新朋友，認識陳兄是以茶結的緣。2004年11月2日應邀出席深圳市中國茶文化研究會主辦的「中國茶道論壇」活動，與老朋友侯軍相約見面，侯兄說帶我到一家很有文化氛圍的茶館，我一聽是茶館又是有氛圍的茶館，便欣然答應了。

與老朋友侯軍已有一段時間未見面，此次相聚倍感親切，話匣子打開，便侃侃而談，在將近一小時的談話中，陳悦成兄一直靜靜地在旁聆聽，頗有冷落他的感覺。不過，我與陳兄有一種相見恨晚的感覺，有些看法是頗有共識的。於是，不嫌夜已深沉，就地採訪了這位經營茶館已經有所成，而且又有一套的陳悦成先生，時間在2004年11月3的晚上，地點就在深圳市美術館的紫苑茶館內。

*　*　*　*　*

**范** **紫苑茶館開辦有幾年了，當初您為什麼會開茶藝館呢？**

**陳** 茶館開了7年。開始的時候，我們做的是畫廊，茶本來就跟字畫有淵源，所以就把茶館做起來。做了這麼多年，也感覺到茶館這個載體可以經營的空間很大，這是什麼呢？就是這幾年，我們茶館業做的很多事情都是與傳統文化技藝有關的事，包括手工藝、玉器展、繪畫展，還有台灣的繪畫、手工藝的展覽。通過我們茶館這個平台，把一些傳統的技藝流傳下去。因為我一直認為，在深圳這個地方我們沒有信仰，如果沒有信仰，又把傳統的東西丟掉，那是很可怕的事。在這個情形之下，我們決定通過茶館這種形式把傳統文化的點點滴滴傳播出去，能夠做多少就做多少，我希望我的茶館能夠起到這種作用，這麼多年，我們實在地在這方面盡點力，反而對茶方面的東西理解的比較少。

范 **您這個店是97年開業？您說您跟茶業界接觸的比較少，那您進茶葉啦、茶具呀，您怎麼來進行？**

陳 是的，97年開業。茶具，我們是自己設計，自己去找窯來請人燒的。茶葉我是自己到產地去採購，例如，每年春天我會到蘇州——碧螺春的產地，直接到茶農家裡去，看他們的茶園，他們的製造過程；我也會到安徽黃山去找黃山毛峰，我不喜歡從市面上的流通領域找茶葉。我覺得市面上都不可信，太可怕了，早期我就上過很多當，吃過不少虧。儘管市面上早就販售洞庭碧螺春、黃山毛峰，但如果實地去看過，就會發現蘇州的西山根本還沒有碧螺春茶，但是市場流通領域竟已經大肆販售碧螺春了！太可怕了！我認為必須要保證自己產品的來源，價格確實，才是正確的茶館經營者應該有的態度。所以，我的茶葉、茶具都是通過這種方式買進來的。剛開始的時候，是需要透過一些朋友的介紹，我親自到產地考察之後才決定進茶葉的渠道的。

范 **您經營這種文化性較強的茶館，業績怎麼樣？**



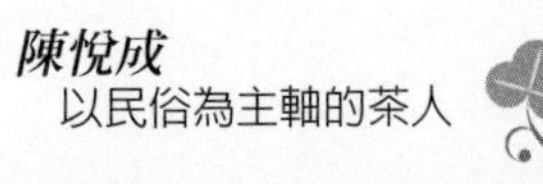

**陳** 業績還可以。做了那麼多年，我們主要是以文化的東西去帶動，在深圳人的眼裡確實是產生了潛移默化的作用。許多深圳地區的文化人聚會、聊天，他們的首選是這個地方。

**范** **您提供這個空間辦文化活動收不收費？**

**陳** 不收費的。例如去年我到雲南去，遇到一位做紙花的，做的很好，他家裡已做了7代了！傳到他這一代是個男的，為什麼是男的呢？他看到姊姊在學，自己也跟著學了！我看他做得非常好，就請他到深圳來，供他吃、供他住、給他工資，就在茶館裡做起紙花了。大家反應挺好的，他從十幾歲開始做紙花，一直做做到現在，已有40年的歷史了。我認為這種傳統的手藝不能失傳，這是一種精神，如果一個民族連這種精神都沒有的話，我覺得很危險。為什麼我會想將茶館做成全國連鎖，我做全國連鎖不是為這個茶館連鎖，而是需要將這種文化傳播出來，利用這種經營方式把文化傳播出去。因為您單單做個茶館的話，太單一性了！範圍很窄。如果能以一種文化的傳播來考量的話，那空間就大多了，這是我的想法，如果能實現的話，我能做很多事情，我經營茶館7年了，了解到茶館可以做很多事情，主要是在乎我們的心，我們的用意在哪裡？我們的目標想做些什麼？我們衷心希望把文化的東西傳揚出來，特別是我想強調民間的，民俗的東西能不斷地傳播，這是確實想做的事。

現在的茶館十家有九家是麻將館，在經營角度上來說，那種茶館是比我們經營的茶館回收來得快。但是，我這幾年來一直堅守著文化的角色經營，我純粹用文化，用文化的力量去經營茶館。我有一個夢，就是我的茶館有一個戲台，然後把各地的地方戲請來演出。這讓我想起一次令我很震撼的經驗：有一年，我到福建的農村去，看到一齣布袋戲，他們在農忙的時候下田種田，在農曆節慶的時候就演一場。有一次天津那邊打聽到他們演出的水平不錯，想在一個活動中邀請他們去演出，可是，他們竟然付不出先墊飛機票的錢，結果還是向別人借錢才成行的。也就是說他們貧窮到這種情況，連溫飽都成問題的狀況下，想要保存傳統的民間藝術，談何容易，尤其面臨到現代化大潮的衝擊，那更是不可能的了。所以，如果我有這個機會的話，想到深圳辦一個有戲台的茶館，每到一個時間就把各個地方的地方戲請來深圳演出，一方面解決他們在農閒時間的溫飽問題，另一方面也讓地方戲曲在深圳這個城市保存下來。我在想，整體的民俗，包括聽的、視覺的、味覺的都應該考慮進去。這是立體的東西不能夠有所缺少。所以，在目前的情況，似乎比較艱難。

范 **目前您的茶館是如何經營管理？是外面請的，還是自己家人或親戚？**

陳 我下面有部門經理在管理，都是外面請的。我選的管理人員首先必須是對這個方面很熱愛的；當然，他們熱愛這個行業，我也要給他們信心，同時，也讓他們能夠學到很


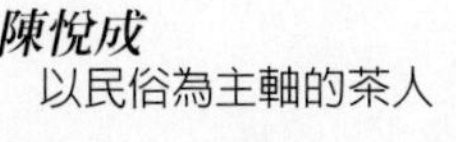

多東西，除了茶之外，還包括琴棋書畫的其他東西。他自己如果很認真學習的話，就能夠有一段時間在這裡沈澱，在這些個東西上面待著；只要在這裡能夠待個一年半年的話，就會繼續待下去，不會想走了。因為，待上一年、半年後，就能夠理解自己想要做什麼？也就是說，他也接受了自己以後要做什麼？我們是培養一位長期的營業人員，我培養服務人員的最基本要求是茶的知識；但是，我對環境的要求絕對是嚴格的，環境要求包括的是什麼呢？你對音樂的理解，對整體環境擺設的理解，包括插花的東西、還有服飾道具等等，您必須弄懂，茶只是入門的東西，而旁類的東西相對的才是比較重要的，能夠認識到這一點以後，他們就會覺得可以待下去了！所以，我的幾位經理都是工作了4 、5 年的。

范 **您的茶館收支可以平衡嗎？**

陳 可以，還可以有些結餘的，我在深圳有兩家茶館。惠州有一家，北京、山東、湖南各有一家，都叫做「紫苑茶館」，基本上是每年開一家。

范 **現在您是以茶館爲主業了？**

陳 是的。還有字畫、傢具。茶館只是一個賣場，這個賣場，包括看得見的硬件，還有看不見的軟件，文化傳承的東西，都是經營的項目。

**范** **您這7家茶館，都是用當地的管理人員還是從深圳派出去的？您怎麼樣帶他們？**

**陳** 開始的時候是由這裡派出去，經過三個月以後，他搞懂以後就交出去。這7家有直營的，也有加盟的，加盟的包括硬件的設計和服務人員的訓練，都是由我們公司來做。

**范** **您經營茶藝館的理念如何？**

**陳** 我把茶藝館定位為民俗博物館，是一個呈現中國民俗文化的地方，也是展現中華文化的場所。例如：我在山東濟南皇冠假日酒店開茶館的時候發生了一段趣事，這個酒店是由外國人管理的五星級酒店，在開始裝修的時候，我們把茶館裝修要的東西運到酒店，管理酒店的老外問我們的員工，為什麼把垃圾都運到我們酒店來呢？其實，那些老舊家具都是民間收集來的明清時期的高貴用品。等到茶館裝好之後，他都呆了！沒見過這麼有品味的東西！其實，中國的酒店、賓館裡如果沒有一個茶館的話，就體現不了中國的文化，只有中國茶館做這個載體才能把中國的文化傳播出去。所以，我認為茶館是一個民俗館，是一個民間藝術館，不僅只是一個茶館，我們可以利用這個空間，每年把全面各地做手藝的人邀請來茶館做手藝等等活動。這才是茶館能真正發揮的功能。

**范** **茶藝館其實是充滿人情味的地方，經營茶藝館和其他行業不太一樣，來茶藝館的客人不能只把他們當作顧客，**

**當做消費者，如果能夠把茶藝館當做是一個家庭，所有來的客人像自己的親戚朋友看待，以接待親戚朋友的心情來接待客人，這樣就更能展現中華傳統文化的人情味。**

陳 是的。茶館是體現中國傳統文化最具體的地方，現在經營茶館的人應該認識到，茶是中國文化很重要的部分，好好發揮茶的作用，中國文化也就能弘揚開來。

# 陳　椽

## 茶學教授，一代茶宗

### ——談茶人應有科學精神

陳椽教授是世界著名的茶學專家、傑出的教授，為中國「一代茶宗」。六十多年來，陳教授在茶業的園地裡，辛勤耕耘，培養茶業人才，為發展茶業科學事業，提高茶葉生產水平，著書立說，桃李滿天下，在中國茶業史上，乃至於世界茶業史上，已經寫下了光輝的一頁。

陳教授治學嚴謹，既教書也育人，作經師亦為人師，學術理論水平高，具有獨到的見解，已發表或出版的專書、論文超過100本（篇），著作等身，受到國內、外專家、學者的讚賞與好評。陳教授的學生分佈世界各地，都有突出的表現和成就。

至於，我何以能親近「一代茶宗」陳椽大師？這要從十年前談起。1984年4月，我應邀前往韓國、日本訪問，在漢城時，會見了韓國茶學界的大老韓雄斌先生，他談到中國茶學的現狀和發展，提到陳椽教授的《茶業通史》，讚譽有加。當時，由於海峽兩岸的政治因素，無法相互連絡，只有心嚮往之。過了三年，一位台北的朋友影印一份陳教授的《茶業通史》給我，如獲至寶，至今仍時時展讀，頗為珍惜。

1989年9月，應邀出席在北京舉辦的「首屆茶與中國文化展示週」，會場上與陳椽教授見面了，對他隨和、親切，平易近人的態度，留下了深刻的印象。自此，我們結了不解之緣，保持書信的往還，從陳教授那裡得到不少的勉勵和指教，獲益良多。

記得，1991年12月24日，我應約前往合肥安徽農業大學訪問並拜訪陳教授。從上海出發，天氣晴朗，到了南京，過了長江大橋，開始飄起雪來，火車走到蚌埠前，被紛飛的大雪阻斷在路上，原定下午4點到合肥的，遲至隔天凌晨才到達，而陳教授以八十多歲高齡親往火車站迎接，此情此景，令我感動，畢生難忘！

安徽的三天活動，氣溫在零度以下，合肥市覆蓋在皚皚白雪之下，而陳老每天神采奕奕的陪著我演講、到處拜訪，精神、體力猶如五、六十歲的人，令人敬佩！

25日，上午拜訪安徽茶葉學會，安徽茶文化協會，參觀了茶樓。下午訪問安徽茶業公司並舉行座談會。陳教授介紹我時，說我為合肥帶來了「喜雨」和「喜雪」，為兩岸茶文化活動開啟大門。

26日，上午訪問安徽農業大學茶業系，部分師生及茶學界長輩一起交流，主要人員有：陳椽教授、王鎮恒教授、石必助教授、林剛教授等，其他師長記不起名字。主要談話為：

茶葉學會理事長講話：范先生是茶文化的知名人士，最近三年來，以茶為媒進行兩岸交流活動，這一次是范先生首次到安徽來，本人代表茶界表示熱烈歡迎，因為時間緊湊，又下大雪，無法做很多的安排，希望范先生能將台灣開展茶文化活動的做法、經驗、傳經送寶。

茶文化協會祕書長魏建平講話：除了表示熱烈歡迎范先生來訪外，並期望安徽這一個產茶大省的所有茶文化與茶業界的人一起努力把茶葉搞上去；兩岸茶人一起把茶文化工作建設起來。

安徽農業大學茶業系系主任：對范先生為海峽兩岸茶文

化的辛苦表示敬佩，並表示熱烈歡迎范先生訪問安農。安農茶業系，目前有正教授6人，副教授17人，講師20人。1938年在重慶創辦，1954年獨立建院。盼兩岸加強交流，促進國家古老的文化發展，開創茶文化的新紀元。

因陳教授一直陪伴著我，故利用空檔時間向陳教授請教，並做了訪問。我和陳教授談話的主要內容有五點：

㈠現代茶葉已經變成一門學科，因此，茶葉裡面的概念要搞清楚，反科學的成份要袪除，因為概念是科學的、整體的，與設想不同。所以不能隨便講。

㈡新生的一代是改革一代，他們敢講話，敢批評，正因為如此，往往促成茶業的進步。有人說陳教授喜歡罵人、罵人罵得對是好事，其實不是罵人，只是說話得重了一點而已。

㈢青茶，是逐漸演變而來的，青茶中的包種茶比較接近綠茶，而鐵觀音茶就比較接近紅茶，這是從量變到質變的問題。首先有了綠茶，由於氧化作用步步升高，氧化作用過頭了就成為另外一種茶。包種茶氧化作用很輕，鐵觀音茶就重些，烏龍茶更重些，是系統化學。

㈣現在茶的商品分類是根據「變紅」而來，茶的變紅問題、茶的分類問題，以及各種茶的理論要確立起來，加強學術研究，學術討論要有獨到的見解，大家努力把茶科學建立起來，學術要看到明天，而生意是只看到今天的。

㈤為什麼喝茶可以抑制癌症？也可以導致癌症？各有各的說法，寫文章要有指導作用，要撰寫比較高層次的東西，科學是講理性的，不能講感情的。

除了這五項談話之外，筆者同時訪問陳教授，從陳教授的童年、成長過程、家庭等，談到中國茶文化未來發展的趨向，以下是訪問內容：

*　*　*　*　*

范 **請問陳教授，您是在何種動機下選擇了研究茶葉這一行的？**

陳 1938年，擔任浙江農業改進所茶葉檢驗處主任，開始踏入茶葉研究這個領域，一直到現在將近六十年的時間，都沒有離開茶葉科學研究和教學的工作。

范 **您在數十年如一日的茶學研究、教授的過程中，是否請您談談您最高興的事或不如意的事？**

陳 在數十年的茶學研究、教授過程中，最高興的事，是解決了不少茶業史上懸案未決的問題。如釋疑「一日遇七十二毒」，分清《神農本草》、《神農本經》、和《神農本草經》的區別。這三本茶藥學是戰國、西漢、東漢三個不同朝代的著作，著作人也是三個不同的人。考證出茶樹原產地及其原種，得到國際上學者的支持和稱讚等等，都寫在《茶業通史》上；編寫了整套的茶學高等院校的教材。

在不如意的事方面，如與盜名欺世的某教授反茶樹原產地和原種的爭論、反科學的「茶葉發酵是無氧化物氧化」的鬥爭等等。最後雖得到勝利，但遇到不少的不如意事。

范 **您不僅在茶學教育上桃李滿天下，著作也非常豐富，現已經完成的著作有那些？**

**陳** 已經完成發表的主要著作有：《茶樹栽培》、《製茶和茶業經濟》，整套的高等院校的教材，約三十本。以及在國內雜誌發表了二百篇的學術論文。《茶業通史》，香港《新晚報》1991年1月11日有報導專文介紹，請查閱。

**范** **您是「一代茶宗」，請您談談中國茶業的發展趨勢如何？**

**陳** 中國茶業的未來發展趨勢，我提出五個方向：(一)要研究茶樹栽培技術。如：修剪、施肥和採茶三者密切結合。(二)要研究製茶技術。如：各品種之間的鮮葉拼配比例混製，達到其中化學成份適量適比。(三)要研究各茶類製茶化學成份的變化與治病的關係。(四)要研究茶業經濟學，爭取建立茶學科學體系。(五)要批判專家、教授反科學的謬論。

**范** **請您談談茶業教育的感想和建議。**

**陳** 中國茶業科學教育在高等院校的教育系統已經初步建立了，如何進一步完善，有待於海峽兩岸茶業科學工作者的努力。我提出幾個建議：(一)在茶樹栽培上要深入研究外因是如何影響內因變化規律的。這個問題不解決，茶葉豐產規律永遠無從得知。(二)要深入研究製茶學，先寫三本教材：(1)製茶理論基礎，(2)製茶技術基礎理論，(3)製茶原理。(三)茶樹生物化學、製茶物理化學、茶葉檢驗分析化學，這三個化學系統國內某教授還未分清，不分清茶業科學就不能發展。(四)批判歷史上不科學的製茶理論。如：氧化作用誤解為呼吸作用。(五)批判茶葉舊分類不科學，缺乏製法和品質的系統性。

**范** **請教您對兩岸茶文化的交流的意見？**

**陳** 兩岸茶文化應該多方面交流，互相學習，取長補短，茶人往來講學，學術論文交流發表，書籍、報刊交流、交換，促進兩岸茶文化的進步和發展。

**范** **您對茶文化的弘揚有什麼看法？**

**陳** 茶文化是優美的傳統文化，我們要將古今中外有關茶文化發展的書籍、札記、系統論述介紹給各國學者，並要批判國際上和國內的古今中外學者的對茶文化不正確的言論，然後把兩岸學者近來研究的有科學理論、有說服力的成果，向外公開發表，使國內外學者口服、心服。

**范** **您是「一代茶宗」，也是茶學大師，請問您，目前，茶文化發展最急迫的課題是什麼？**

**陳** 除系統論述中外古今的茶文化成就外。要先立後破，提出茶文化的科學理論及對國際上古今的貢獻，然後針鋒相對的批判。

**范** **請問陳大師，茶文化的特質是什麼？**

**陳** 茶文化的特質，是促進精神文明和物質文明的發展，但不要故弄玄虛。我寫一本《論茶與文化》述及這些問題。茶文化在歷史上僅次於政治、經濟地位；對世界文化也是政治經濟的影響。

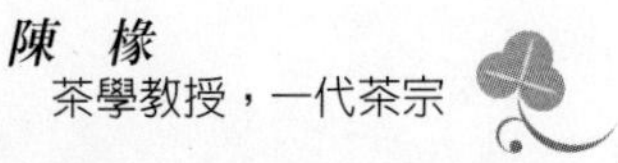

**范** **請您談談個人的成長過程經歷和家庭狀況，讓年輕的一代更認識您。**

**陳** 1908年出生於福建省惠安，1934年畢業於北平大學農學院農業化學系。畢業後服務於農場、職業學校和一些茶業機關。從1940年起，擔任講師到副教授，一級教授，有五十多年的歷史，是第一位擔任茶學科系主任者，長達23年，主編三個茶業期刊有25年之久。

成長過程，可分四個階段：第一階段，不分是非，博覽茶學群書。第二階段，熟能生巧，養成辨別是非能力。第三階段，批惡揚善，也是批錯揚正，發展茶業學術。第四階段，獨立創作，即講學術科學又有超前的新觀念。

我的家庭狀況幸福美滿，育有兩男兩女，都是大學畢業，除最小女兒未成家外，其餘生男育女，有內外孫6人，也都接受大學教育，全家大小都有工作，社會地位崇高。

**范** **準備撰寫那些茶學著作？**

**陳** 將繼續撰寫《新中國茶業科學論》，而後再看社會及教學的需要撰寫專書。

**范** **請問您的飲茶習慣如何？其他有什麼嗜好？**

**陳** 嚴冬飲青茶類，春秋飲綠茶類，夏天飲白茶類。飲茶的三信條是：現泡現飲，不飲濃茶，空腹不飲茶。沒有什麼特別的消遣和嗜好，常年常月常日，除了寫作茶書、看茶書外，無其他消遣。從小不吸煙，不飲酒，也難得看電影，跳舞更不會，現在晚上7點到9點，看電視新聞。白天寫作和應付來訪。

**范** **請問陳大師，您對台灣茶界有什麼印象、感想和建議？**

**陳** 1948年時，我基於上海復旦大學教學的需要，接受台北的好同學林厥達先生，當時他擔任造紙廠的廠長，提供我旅費到台灣搜集各種茶樹品種，參觀新竹茶葉試驗場和台中魚池紅茶研究所。當時，1942年英士大學茶業專修科畢業生謝和壽同學，正在從事研究提取兒茶多酚類物質（當時叫茶單寧），是中國人首先研究茶葉化學的先鋒，我很佩服；新竹茶業試驗場研究茶樹品種成績顯著，為中國所沒有的。當時也見了陳為楨、林馥泉等專家，其他同學也很多，尤其在台中農學院會見特別多，他們曾要求我留在該農學院工作，因為我在復旦大學負有編寫教材的任務，未同意。但對台灣印象很好，回來後，宣傳台灣研究茶學的成就。

這四十多年來，與台灣的很多鄉友、同學都未曾接觸，無從瞭解，至今仍如是，承范增平理事長抬舉，是第一個與我通信往來的台灣朋友。數年前，美國國立海運學院邁德樂教授專程去台灣尋訪《台灣茶葉海運史》，轉來一份新竹試驗場資料，尚未深入研究，知之不多。

建議台灣茶業科學工作者，勇於批判中外茶人各種不合科學的謬論，不批舊的，新的就不立，應把茶業科學發展推上高峰，對世界作出更大貢獻。（本專訪發表於1994年9月《中華茶藝雜誌》上）

國家圖書館出版品預行編目資料

中華茶人採訪錄：大陸卷 ／范增平著. -- 初版. --
臺北市：萬卷樓, 2005－[民 94－]
冊； 公分
ISBN 957－739－515－5 (第 1 冊：平裝). --
ISBN 957－739－523－6 (第 2 冊：平裝)
1. 茶業 2.茶－文化 3.茶道

481.6 93023252

**中華茶人採訪錄：大陸卷[二]**

著 者：范增平
發 行 人：許素真
出 版 者：萬卷樓圖書股份有限公司
臺北市羅斯福路二段 41 號 6 樓之 3
電話(02)23216565・23952992
傳真(02)23944113
劃撥帳號 15624015
出版登記證：新聞局局版臺業字第 5655 號
網 址：http://www.wanjuan.com.tw
E－mail ：wanjuan@tpts5.seed.net.tw
承印廠商 ：晟齊實業有限公司
定 價 ：300 元
出版日期 ：2005 年 5 月初版



ISBN 957－739－523－6